U0589457

能力＝学习＋训练＋更多训练＋更多训练＋更多训练＋更多训练＋更多训

超级记忆
66天 训练手册

石伟华 ——— 著

中国纺织出版社有限公司

内 容 提 要

为了提高记忆力，掌握精到的技术并进行刻意训练缺一不可。本书将超级记忆术核心讲解融入66天的训练中，帮助你从多个方面和细节强化巩固所学技巧。需要注意的是，学习本书知识需要循序渐进，不要跳读，更需要落地练习。精神高度集中地进行大量重复的练习，并给予自己有效的反馈，坚持66天，你一定会升级大脑，真正提高记忆力。

图书在版编目（CIP）数据

超级记忆66天训练手册 / 石伟华著. —北京：中国纺织出版社有限公司，2020.6
ISBN 978-7-5180-7158-6

Ⅰ.①超… Ⅱ.①石… Ⅲ.①记忆术Ⅳ.
①B842.3

中国版本图书馆CIP数据核字（2020）第024251号

策划编辑：郝珊珊　　责任校对：楼旭红　　责任印制：储志伟

中国纺织出版社有限公司出版发行
地址：北京市朝阳区百子湾东里A407号楼　邮政编码：100124
销售电话：010—67004422　传真：010—87155801
http://www.c-textilep.com
中国纺织出版社天猫旗舰店
官方微博http://weibo.com/2119887771
北京通天印刷有限责任公司印刷　各地新华书店经销
2020年6月第1版第1次印刷
开本：710×1000　1/16　印张：11.5
字数：194千字　定价：39.80元

凡购本书，如有缺页、倒页、脱页，由本社图书营销中心调换

序

　　每个人都想拥有超强的记忆力，好让自己成为学霸，至少能让自己轻松通过各类考试，得到一个还算不错的分数。这就像是很多人都幻想拥有很牛的赚钱的能力，好让自己成为富翁，至少能让自己的生活过得比较富足。

　　如果足够幸运还可以靠爹娘老子，让自己有幸生在一个富足的家庭中，从小衣食无忧。遗憾的是，超强的记忆力能够生来就有的人少之又少，除非生来就是一个不正常的人（超忆症患者）。正常的人想要拥有超强的记忆力，唯一可行的渠道，就是学习加训练。

　　不要再对睡一觉醒来就拥有超强的记忆力抱有任何幻想了，从此时此刻开始，从你看到这一行文字开始，就坚定地告诉自己：不学就不会，不练就不可能掌握。

　　但是，学和练的方法却有不同。方法对了，事半功倍。方法错了，就会走很远很远的弯路。

　　这本书就是希望给你一条正确的路。

　　如果你愿意拿出66天的时间，每天30~60分钟，坚持学习、坚持训练。66天后，你一样可以拥有超强的记忆力。

　　如果你已经准备好，那就开始吧。

2019.12

作者按：

本书精选了《学霸都在用的超级记忆术》和《超级记忆：99天完美训练手册》的知识框架核心内容，按学习的先后顺序进行编辑、修订，去掉了和记忆法训练没有直接关系的专注力训练、心态调整、学习方法和技巧等内容，同时去掉了主人公赵小帅和何灵的人物对话和冲突，只保留了记忆法训练中的基本功训练、应用训练和实战训练。

关于赵小帅和何灵的故事以及在学习过程中的一些心态的调整，请大家到《学霸都在用的超级记忆术》中去慢慢品味。有关专注力训练、扑克牌的记忆、人名头像的记忆等生活杂项、绝技绝活的记忆训练，请到《超级记忆：99天完美训练手册》中去查找。

总之，这本书保留下来的，全是干货。

*本书所用部分图片来自网络搜索，可到作者公号中查找对应的高清彩色图片。

目 录

contents

第三章　记忆术的应用　‖079

第一章

正式学习前的忠告

很多人学过记忆法，但是真正能掌握记忆法的人少之又少呢？

记忆法真的就那么难吗？

如果不难，为什么学过的人那么多，学会的人那么少？

很多人都有过类似的疑问，或者说在学习记忆法的过程中都有过类似的迷茫。越早解决这些迷茫，我们学习记忆法的速度就越快。

介绍内容的部分叫方法。

方法是什么？方法就是让你听懂有些事情我是怎么做到的，但是不代表你自己也能做到。

而这一章的主要任务是训练。

训练是什么？训练就是按照我讲过的方法，你把所有的题目一个一个地全部亲自去做一遍、两遍，甚至更多遍，直到所有题目都能轻松熟练地完成。

我们再来举一个更形象的例子。

玩过魔方没？（我指的是按照"层先法"或"CFOP"法还原魔方的六个面，靠自己瞎转把其中的一个面转出来不能算是会玩魔方。）

首先，我们可以通过听别人讲解（也可能是通过看教学视频或者看比较详细的还原说明的图文材料），理解魔方的还原过程（以层先法为例）：先转出底层的一个十字，然后转出层次的四个角，以后依次是第二层的四个棱块、顶层的十字、顶层角块OLL、顶层角块PLL。

如果你听不懂这些专业术语，说明你还没有学过魔方的正规转法。

（花絮：这里有人非要来打个酱油。

2016年，估计是受中国某品牌节目的影响，全国又一次掀起了魔方热，特别是好多中小学开始组织和号召学生玩魔方。

中国上一次的魔方热应该是在六七年前，一个叫庄海燕的人把魔方盲拧带进了《想挑战吗》节目的现场，让全国老百姓感觉如神人一般。

从那时候开始，速拧魔方开始传入中国，之前我们能接触到的魔方只有市场上那种非弹簧结构的两块钱一个的魔方。速拧魔方传入中国后，中国人也充分发扬了"中国制造"的精神，在短短几年内把"中国制造"的速拧魔方推向了全世界，特别是中国在高阶魔方的研发和制造上，更是让世界各国瞠目结舌。以前有人说七阶魔方就是制造工艺的极限，不可能再生产出更高阶的、可以双手把玩的魔方。结果没几年的时间，中国就已经把高阶魔方做到了13阶，可以说中国的魔方已经远远超过了当年最牛的RUBIK和东贤这两个大品牌了。

中国的电视节目在推出众多的魔方高手的同时，也缔造了N个中国制造的魔方品牌。）

再说魔方的转法，目前公认的最专业的转法（速拧）就是CFOP，国际一流高手的速度已经突破10秒，盲拧的最快速度快要冲进20秒了。

这里有一件事让我非常不理解，就是不知道是哪位大咖上传了一个魔方入门的"层先法"教学视频，是专门教小朋友学习魔方还原的。我一直没有找到这段视频，但是我见过全国应该不止一万个人都被这个视频带傻了，因为他教的方法中有个让我非常不理解的错误。

为什么转第一层的十字要到对面的中心块去转？比如，我要从白色转起，本应先转出白色的十字，可这个视频教学却要把四个白色的棱块都转到对面的黄色中心块，然后再旋转180度转回来，这不是多此一举吗？

后面的非典型性错误我就不说了。总之，按照视频中的方法，大部分孩子的成绩在达到一分半钟到两分钟的时候就很难再突破了。后来我用自己总结出来的适合初学者的方法指导过几个孩子，基本上学习三天左右成绩都能稳定在50秒左右。

另外，你还得有一个顺手的魔方，这个非常重要。如果你买的魔方不到五块钱，用层先法还原时就算你转得再熟练也很难冲进一分钟。当然我相信有人能做到，不过要是给他专业速拧的好魔方，他应该能轻松冲进20秒了。

好了，让大家跟着我打了这么一大圈酱油，其实是想让大家明白两个问题。

一是不管学习什么，一定要找正规的老师去学，否则你就会走很多的弯路。

二是不管做什么，你得舍得去投资好的学习工具。好东西并不一定要贵，而是要非常适合你要做的这件事。

回过来，我们接着说"听懂""学会"和"掌握"。

我们还以还原魔方为例。（没办法，谁让我就喜欢玩魔方呢，说这个能显得咱专业一点。）

什么叫听懂？

别人拿一个魔方，给你一张公式图，然后一步步地讲解"层先法"，告诉你每一步应该做什么，什么情况用哪个公式，遇上特殊的情况应该怎么去分析和判断，怎么去处理和解决。

这个过程叫听懂。

听懂了，只是意味着别人讲的东西你已经明白了。但是，听懂了并不意味着你自己就能独立地完成整个过程。

什么叫学会？

你对照着公式图，然后按照老师讲的方法和步骤一步步地做。可能中间会出现无数次的错误和失误，但是不管用十分钟也好，一个小时也罢，最后你还是能够把魔方的六个面都还原成功，而且再次打乱后，仍然能够按照公式图一步步地完成魔方的还原。

这个过程叫学会。

学会了，只是意味着你能在没有别人帮助的情况下独立完成一个魔方的还原了，并不意味着你就能抛开公式图，非常潇洒自如地像魔方高手一样快速地还原魔方。

什么叫掌握？

经过无数次的练习练习再练习，一直练到你在还原魔方的时候已经不需要在脑子里回忆那些公式，练就了看到一个魔方状态就能自然地按照某个动作去旋转的本能。这时候我经常把这种状态叫作已经不需要脑子来玩魔方了。（这也验证了当年大家讨论比较激烈的一个问题：魔方速拧连续做100次，只要手指头不抽筋就不会觉得累，而连续做20个魔方盲拧，估计大脑就达到极限，快要爆炸了。）

一直到这个境界，才叫掌握，才叫真正会玩魔方了。

扯了这么远，我们再回到记忆法上面。

如果讲方法的内容你都理解，那你就已经达到"听懂"的境界了。

怎样才能达到"学会"的境界呢？

很简单，就是不断地训练训练再训练。

怎么训练？

很简单，我已经为大家准备好了一套完整的训练计划。

只要你按照这个计划认真训练，当这个计划完成的时候，你就可以骄傲地宣布："我已经学会记忆法了！"

在正式的训练开始之前，我觉得有必要把其中应该注意的事项更加详细地说明一下。

训练才是王道

我在实地培训的过程经常和学员讲：**记忆法不是学出来的，是练出来的。**训练是学好超强记忆法的王道。

前面提到的只是读懂，知道超强记忆术是什么、有什么、怎么做。也就是说，如果你认真地读完并读懂了超强记忆术的理论和方法部分，这时候你已经完成学习的第一步了。

如果到此为止，那不久之后，你的脑海中留不下多少东西，除了一些支离破碎的知识碎片。这时候的你，只是多了些吹牛的资本，实际上什么也做不了。

要觉得不服气，你可以记1000位圆周率试试，背诵一下《道德经》的全文，或者一天记上500个英文单词，我相信没有谁能做到。如果你真的靠看一遍书就能做到，我只能说你在看书之前就有这个能力，和你读的这本书无关。

所以，训练才是王道。知识可以是学出来的，能力绝对是练出来的。

训练也分为几个阶段。

基础训练阶段。把书中的一些例子亲自训练一遍，这是基础中的基础。如果连这些训练也做不到，后面的事就不要操心了，安心练习这些例子之后再想别的事。

扩展训练阶段。如果你已经把基础的训练做完，就可以开始扩展阶段的训练了。其实你手上的这本书，就是一本用于扩展训练的训练手册。这个阶段会增大训练的强度，最好是每天都能抽1~2小时来训练，才能保证好的效果。也就是，每个人至少要经过100小时的训练时间，才能掌握超强记忆术中的各项记忆方法和技巧，达到初步应用的程度。

实际应用阶段。这个阶段已经没有人能帮你了，全靠你自己。这个阶段是用已经学会的记忆方法去实战，去记你在学习、工作、生活中需要记忆的内容。这个过程是很漫长的，如果你不敢用、不去用，这个过程可能要持续一年、几年甚至更长时间，还有可能会半途而废。只有你坚持不懈地练习学会的方法，才能把这个能力逐渐变成一种习惯并内化成为自己的一种本能。

到那时，你就可以骄傲地说"我终于学会超强记忆法了"。

如果你已经准备好了，那就从最基础的开始训练吧。

本书需要你训练的内容：

1. 串联训练。

2. 抽象词语训练。

3. 地址桩训练。

4. 跳桩训练。

5. 数字编码训练。

6. 数字记忆训练。

7. 编码应用训练。

8. 古诗文训练。

9. 英语单词训练。

详细内容请参见《学霸都在用的超级记忆术》。

训练说明：

记忆术的学习分为三个阶段：学习、练习、应用。

第一个阶段，系统的培训和学习。大约需要30个小时左右，就能把记忆术的精华内容全部学完。

第二个阶段，基础方法的训练和强化。大约需要100个小时，就能把图像记忆的基本功练好，并达到初级应用的效果。

第三个阶段，实战技术的训练和应用。大约需要500个小时，就能达到完全内化成习惯的程度。

所以，在保证每天能够训练一小时的基础上，三个月就能见到明显的效果。如果每天训练两小时，50天就能见到显效的效果。如果每天训练半小时，可能需要半年左右的时间。

三分学，七分练。

你看懂了这本书没什么，只要智商没有问题，谁都能看懂。

训练才是王道，谁坚持下来了，谁就是王者。

开始吧！

第二章

记忆术的基础

第1天　大脑的记忆模式

根据我的经验，我们学习的知识基本上可以分为三类。

一类是练习推理和计算的，比如数学。

一类是需要记忆的，比如生字词、古诗文、英文单词、历史地理知识等。

一类是需会设计创造的，比如写作文。

这三类知识又不是完全独立的，所以没有一门课可以靠一种方法就能学好。任何一门课都需要理解、记忆、创新三种能力。

学数学，先要听懂，这就是理解；然后记住一些公式、定理，甚至解题的思路，这就是记忆；接下来，还要能够根据已经学会的知识来推理和分析更难的题怎么做，这就是创新。

英语也是一样。单词虽然是死记硬背，但是也要掌握发音的规律、单词的特点。英语的语法是先要听明白是什么意思，再去记住一些规律，日积月累。

说了这么多，我到底想表达什么？

其实我想说的是，大脑的分工问题。

人的大脑分为左脑和右脑两部分（见下页图）。

左脑负责的是和数学有关的内容，包括语言、逻辑、推理、计算、分析、概括等。

右脑负责的是和艺术有关的内容，包括图像、音乐、韵律、情感、想象、创意等。

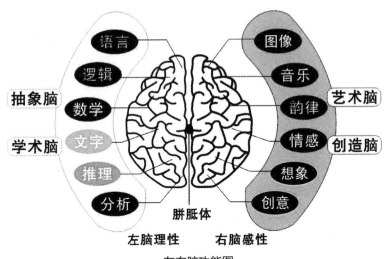

左右脑功能图

明白了大脑左右脑的分工以后，我们再来看看我们学习知识的时候大脑的几种记忆模式。

我们对任何知识的学习都可以大致分为以下的几种模式。

一、机械记忆

这个专业的叫法是声音记忆，就是没有规律、没有意义，完全靠死记硬背。比如，刚开始学记单词的时候，脸face、手hand等，我们就是不停地叨叨。Face—f-a-c-e, face—f-a-c-e, face—f-a-c-e……叨叨一段时间后就记住了，这就叫死记硬背。

这种方法的效率是很低的，而且很容易走神。不仅仅背英文单词是这样，背其他的知识也是如此，虽然嘴里在叨叨着应该记的东西，可是神思早不知道游到哪里去了。

但是这种能力必须要有，而且越是从小锻炼，这种记忆能力就会越强，希望那些比我还年轻的弟弟妹妹们一定不要小看这种记忆方法。这种死记硬背的能力如果从很小就开始锻炼，到十四五岁的时候就可能达到一个顶峰，而且这种超人的记忆力能够保持10~15年的时间。但如果过了15岁再去训练这种能力，基本上效果就不好了。不过没关系，年龄的增长只是让我们机械记忆的能力没有太大的提升空间，我们还有其他的法宝。

我们的法宝就是：

二、逻辑记忆

什么是逻辑记忆？

其实很简单，就是老师们经常说的"要学会先理解再记忆"。比如《三字经》就比《道德经》好记得多，为什么？因为《三字经》是三个字一句，而且平仄押韵，朗朗上口。

这和理解有什么关系？朗朗上口了应该更适合机械记忆啊？

我知道很多人会这么问，但你们只回答对了一半。《三字经》包括各种诗词，这种韵律本身就是一种规律，就是一种逻辑。

比如记一串数字：

3.1415926535897932

这是大家都知道的圆周率。这个记起来很不容易，可能需要重复很多遍才能记住。

但是记下面这串数字就容易得多。

3.14151617181920212223242526272829303132

虽然这串数字比刚才那串要长得多，但是只需要看一遍就记下来了，根本不需要重复，甚至连我们后面要讲到的图像记忆法都不需要，因为它太有规律了。

其实逻辑记忆不仅是用于记数学的东西，对古诗、历史、地理等各门功课甚至连英文单词的记忆都会用到。

比如：

blackboard　黑板：black 是黑色，board 是木板，加起来就是黑板。

basketball　篮球：basket 是篮子，ball 是球，加起来就是篮球。

诸如此类，不胜枚举。

三、图像记忆

说到图像记忆，我先跟大家聊聊小时候的一些事。

如果你搬过几次家，那你还记得小时候家里的样子吗？不管是已经过去五年还是十年，家里每件家具摆放的位置我都历历在目，甚至当时桌子上经常摆放着什么东西、墙上有什么画，都记得清清楚楚。

我并没有刻意去记过这些东西，这就是图像记忆的效果。

这是大家都可以做到的，我们先来看一个例子。

比如某一天，我们俩约定好时间和地点，在游乐场见面。这个游乐场你以前去过，但是我从来没有去过，那我到哪里去找你呢？

第一种方法，你告诉我：

你从游乐场的西门进，一直向前走，注意路的右边有个椭圆形的小亭子。看到小亭子后左转，进入这个区域后，里面有个由五个圆环组成的隧道，我就在隧道前面的空地上等你。

不知道你们是什么感觉？如果我从来没有去过这个地方，我是感觉有些晕，即使到时候费半天劲能顺利到达约定地方，心里也会有不踏实的感觉。

那有没有更好的表达方式可以让我轻松地找到约定的地方呢？

有，比如你手里有一张游乐场的照片，你只需要告诉我就在下页图箭头指示的位置等我，我看照片三秒就可以记住了。

游乐场

这就是图像记忆的神奇之处。

如果手头上没有照片呢?

很简单!画一张。

对,就是用手画一张图,也比语言描述的效果好很多倍。

手绘图

画不到这种效果也没关系,画一张下面的示意图也可以。

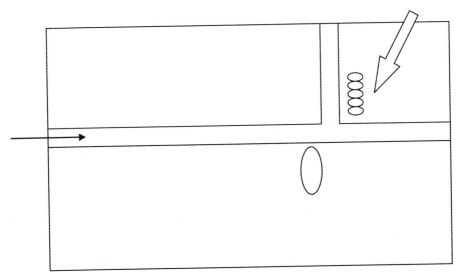

示意图

我们回到刚才的主题，就是图像记忆模式。

通过上面的例子，你应该深切地体会到图像记忆的效果了。其实图像记忆不仅能用于指示地图和路线，还可以应用于更多的领域。

不知道你们还记不记得很小的时候，在我们还不认字的时候，我们是怎么看书的。

很多的书，我们能记清哪一本上面有什么，或者说哪本书放在什么地方，让哪个小朋友拿走了。有时候我们在给大人表述的时候可能说半天大人也不能明确地知道我们所说的到底是哪一本，但是我们自己的头脑中是有清晰的印象的。

大人是靠书名来区分不同的书的，比如这本书是某某出版社哪一年出版的，那一本是谁谁谁写的。而识字不多的小孩子靠什么记忆那么多的书呢？

就是靠图像。

比如《大头儿子小头爸爸》，一套有20本或者更多，这几十本书封面的风格是非常相近的，甚至有些书的封面会印刷得完全一样，只是书名不一样。这也阻挡不了小孩子用图像记忆来区分它们，并精准地记住每一本的特点。

这一点成人是做不到的，只有不识字的孩子天生具有把文字当成图像来记忆的能力。

比如《小红帽》和《灰姑娘》这两本书。对于成人来说，就完全靠文字其实也就是逻辑记忆模式来记忆。而孩子根本不认识字，在他们眼里，这六个字和画在纸上的星星、月亮、圆圈、三角形没有什么区别。

孩子们的大脑会自然地根据字的形状把文字和内容联结起来，当然这个前提是有成人告诉他了"小红帽"是小红帽，"灰姑娘"是灰姑娘。他们就会根据大人的描述在大脑中形成一个小红帽的形象，然后和"小红帽"这三个字巧妙地联系在一起。

但是他们具体是怎么联想的、怎么做到的，已经无从考证了，具有这种能力的孩子的年龄，他们还没有把这个问题抽象出来然后讲给你听的能力，所以我们长大了、认字了，对这个就只能是一团雾水了。

我讲这个只是想让大家明白：我们的大脑对图像的处理能力是非常强悍的。

我们现在需要做的，就是努力唤醒大脑的这个功能。

第2天　图像记忆初体验

什么是图像记忆？

记得 N 年前看一个挑战类的节目，有个欧洲的小伙子来挑战一分钟记忆一副洗乱的扑克牌的顺序。（现在看来，这个水平已经是菜得不能再菜的水平了，国内快速扑克记忆能够冲进30秒的没有1000个也有几百个了，但是那个时候各大媒体还没有接触过这个圈子，所以就认为这是个很牛掰的成绩了。最搞笑的是这人居然还挑战失败了，不知道今日的王峰之流看了那期节目作何感想。）

当时主持人问："用什么办法能够在这么短时间内记住这么多张扑克牌呢？"

答："我把每一张扑克都转换成一幅画，最后在脑子里留下的不是扑克，而是52张图片。"

怎么转，就像拍照片一样吗？听了这答案我一头雾水了。

直到后来张海洋老师在电视上现场表演听记100位数字，然后现场倒背。当主持人问及记忆方法的时候，张海洋老师说是把数字转换成图像，比如将67转换成"楼梯"，将56转换成"蜗牛"等。

我终于恍然大悟，后来才知道这种技术叫"数字编码"。

编外：虽然未曾与张海洋老师谋面，也未曾得到张海洋老师的真传，但我一直把张海洋老师当成我的启蒙老师。因为是他在电视上的这段表演让我对记忆法产生了浓厚的兴趣。后来我自己通过网络搜索到张海洋老师的一篇文章叫《三分钟记忆一副扑克牌》。此文只有短短的几百字，但是从此开始了我的记忆术训练之旅。

说了这么多，下面我们就来真正体验一下什么是图像记忆吧。

先来个简单的。

按顺序记住下面这些词语。

> 房子、钢琴、水杯、铅笔、衬衣、麻雀
> 冰箱、飞机、西瓜、硬币、月亮、姑娘

12个词语，这是图像训练的入门级水平，连及格线在哪儿都看不见呢。

及格的水平是多少？至少50个。

别被吓着了，只要你按照我说的方法训练，保证一小时之后你也能一口气记住50个单词。

现在就来说说方法，简单、易学，学不会者可免费再学，包教包会。

这种天下无敌、高手必学的方法就是**图像串联记忆法**。

接下来就让我赵小帅带大家感受一下这一武林功夫的威力。

银幕渐渐亮了起来，一座精致的小房子出现在我们的视线里。镜头在慢慢接近，房门打开了，屋子中间摆放着一架精致的高档的三角钢琴，黑白相间的琴键上放着一个漂亮的水杯。

不知道是谁在琴键上放了一个水杯，就是那种陶瓷的、敞口的、带把儿的水杯，还在水杯里插了好几支长短不一的铅笔。

铅笔居然从水杯中慢慢地飘了出来。只见镜头跟随着这支飞翔的铅笔缓缓地移动，铅笔尖向前，就像是一支射出的箭一样，飞啊飞，然后突然扎进了一件雪白的衬衣上，之后慢慢滑落，掉出了镜头之外。镜头慢慢拉远，那居然是一件包装完好还没开封的衬衣，就这样被莫名其妙地扎了个洞。

等等，似乎有些东西从洞里钻了出来，然后慢慢飞起来，离镜头越来越近，居然是一群麻雀。伴随着一阵叽叽喳喳的声音，一群麻雀呼啦啦地向右飞去，然后就听到砰的一声，紧接着就是砰砰砰几声，原来几只不长眼的麻雀竟然撞到了一台大冰箱上。

冰箱被撞得摇晃了几下，然后冰箱的门就慢慢地打开了，紧跟着一阵轰鸣，一架波音737的飞机从冰箱里冲了出来，飞向天空。可没飞多远，机头就开始向下沉，而且越来越快。完了，要坠机了。

扑通，机头先着地，可是没有爆炸，原来飞机头扎进了一只巨大的西瓜里。这究竟是玩具飞机呢，还是超级大西瓜呢？

西瓜被扎了个口，然后慢慢裂开来。一枚枚硬币从里面掉了出来，好多还沾着鲜红的西瓜汁。硬币稀里哗啦地掉了下来，这时候镜头拉远，我才发现西瓜居然不是长在地上的，而是飘在空中的。

镜头随着下落的硬币向下移动，然后就听见了硬币碰撞到硬物被反弹出来的清脆的响声。终于进入镜头了，是一弯皎洁的月亮，像一艘小船挂在天空。

咦，真是一艘月亮船啊，上面还坐着一个年轻漂亮的姑娘。

一袭长裙，一头长发，一手扶着月亮船，另一只手向着银幕前的我缓缓地伸了过来。

关键时刻，屏幕慢慢变暗……

好了。电影演完了，我的黄粱美梦（荒唐美梦）也该醒了。

现在你试着回忆一下，看能不能回忆出刚才的"好来舞"大片的每个情节呢？

不懂啥意思？好吧，我来帮你回忆一下。

房子里有架钢琴，钢琴上放着一个水杯，里面放着铅笔。铅笔飞起来，在衬衣上扎了个洞，从洞里飞出来很多麻雀。麻雀飞行过程中撞到了冰箱，冰箱门开了，一架飞机从里面飞了出来。飞机撞到了西瓜，西瓜里面掉出来很多硬币，硬币落下的过程中撞到了月亮，月亮上坐着一位漂亮姑娘。

轮到你了，闭上眼睛，如果能完整地回忆出刚才的细节，就算你过关，如果不能，就老老实实地、认真地多看几遍。

下面，我告诉大家这段电影是用来做什么的。我们先再来复习一下电影的每一个细节。

房子里有架钢琴，钢琴上放着一个水杯，里面放着铅笔。铅笔飞起来，在衬衣上扎了个洞，从洞里飞出来很多麻雀。麻雀飞行过程中撞到了冰箱，冰箱门开了，一架飞机从里面飞了出来。飞机撞到了西瓜，西瓜里面掉出来很多硬币，硬币落下的过程中撞到了月亮，月亮上坐着一位姑娘。

接下来，我们该思考一下如何当好自己的编剧和导演了。

第3天 一对一多组合方式联想

训练方法：

对每组词语进行串联联想，比如：西瓜——手机。

联想出来的图像：

1.用西瓜去砸手机。

2.敲开西瓜，里面有个手机。

3.西瓜上插着一个手机。

联想时注意：两个词语一个主动、一个被动，也就是说，图像在脑海中的呈现有一个先后顺序：用西瓜去砸手机，西瓜先在脑海中出现，然后出现被西瓜砸中的手机。

训练要求：

1.每组词语至少联想出三种组合方式。

2.三组图像要有明显的区别。

检验标准：

1.图像联想组合完成后，挡住每组中左边的词语，能够顺利地回忆起左边的词语是什么；然后挡住右边的词语，同样能顺利地回忆起右边的词语。

2.记录下完成所有词语的串联所用的时间。

3.记录下顺利回忆出的词语的个数。

训练心得及训练感受记录：

_____

_____

_____

训练内容：

第一组					第二组				
拖鞋			玉米		尺子			屏幕	
头发			手机		坦克			铁锤	
铃铛			河马		云彩			水饺	
月季			匕首		葫芦			钢笔	
地球			白菜		火箭			算盘	
雪山			楼梯		火星			头发	
西瓜			河水		水滴			石头	
课本			米饭		西瓜			花瓣	
铅笔			酱油		菊花			步枪	
扑克			小鸟		馒头			麻花	

所用时间：   所用时间：

正确个数：   正确个数：

第三组					第四组				
豆浆			绳子		木瓜			钥匙	
钥匙			桌布		筷子			指甲	
苹果			阀门		鞋垫			玻璃	
虾皮			地板		魔方			水泥	
手表			果酱		奶糖			电线	
榴莲			卫星		帽子			钟表	
眼镜			火山		妖怪			内裤	
树叶			积木		纸巾			浴缸	
馒头			键盘		窗户			风车	
试管			镜头		石榴			蜗牛	

所用时间：   所用时间：

正确个数：   正确个数：

第4天 一次六个词组串联联想

训练方法：

对每组词语进行图像串联联想，串联时把六个词语串联成一个连续的图像组合。如：

牙刷、石头、汽车、眼镜、沙发、母鸡

串联图像参考：

用牙刷敲开石头，从里面开出来一辆汽车，汽车撞飞一个巨大的眼镜，眼镜飞起来落到沙发上，沙发被砸了个大洞，从里面钻出来一只母鸡。

训练要求：

1.刚开始时要求图像清晰，不要求速度。

2.训练过程中尽量不要停顿或者回看前面的内容。

3.每训练完一组，记录下所用的时间。

检验标准：

1.每训练完四组检查回忆一次。

2.检查方法：挡住下边的单词，只看每组的第一个词语进行回忆。

挡住上面的词语，只看每组的最后一个词语进行回忆。

训练心得及训练感受记录：

_____

_____

_____

_____

训练内容：

第一组	第二组	第三组	第四组
车票 大象 地球 电线 鳄鱼 毛线	螺丝刀 气球 雪梨 眼镜 耳环 笛子	金鱼 眼霜 柿子 水杯 牙膏 匕首	花生 绿豆 显微镜 可乐 龙 毛裤
训练用时： 错误次数：	训练用时： 错误次数：	训练用时： 错误次数：	训练用时： 错误次数：
第五组	第六组	第七组	第八组
斧头 宫殿 荷花 积木 喇叭 丝瓜	拖把 台灯 手表 桃子 雨点 扑克	牙膏 袜子 牙刷 面条 飞机 雪球	老鼠 音箱 西瓜 老虎 小猪 木耳
训练用时： 错误次数：	训练用时： 错误次数：	训练用时： 错误次数：	训练用时： 错误次数：
第九组	第十组	第十一组	第十二组
篮球 轮船 锣鼓 抹布 排球 榴莲	飞船 舌头 茶叶 脸盆 玉米 馄饨	裤子 手机 西瓜 洗衣机 仙鹤 皮箱	绿萝 冰块 炒锅 木棍 桌子 热水器
训练用时： 错误次数：	训练用时： 错误次数：	训练用时： 错误次数：	训练用时： 错误次数：

第5天　12个词组串联联想

训练方法：

对每组词语进行图像串联联想，串联时把12个词语串联成一个连续的图像组合（方法同前）。

每串联完成一组，记录下所用的时间，马上闭上眼睛回忆整组图像的内容。

训练要求：

1.刚开始时要求图像清晰，不要求速度。

2.前两组在串联过程中允许回看前面的内容。

3.后四组在串联过程中不允许回看前面的内容。

检验标准：

1.每训练完两组检查回忆一次。

2.检查方法：请自行遮挡前面的内容，只根据提示词，回忆出整组词语的内容。

3.提示词前半部分是提示首词语、后半部是提示末词语。

4.漏词、多词、顺序颠倒都算是错误。

5.如果错误数量超过3个，请重新记忆。

训练心得及训练感受记录：

训练内容：

第一组	U 盘	水杯	轮胎	金鱼
	车票	儿童	花生	眼霜
	大象	螺丝刀	绿豆	柿子
	所用时间：			
第二组	地球	气球	显微镜	水杯
	电线	雪梨	可乐	牙膏
	鳄鱼	眼镜	龙	发夹
	所用时间：			
回忆提示	U 盘	地球	柿子	发夹
错误个数				
第三组	房子	耳环	锁头	牙膏
	斧头	裙子	老鼠	袜子
	宫殿	拖把	音箱	牙刷
	所用时间：			
第四组	荷花	台灯	丝瓜	面条
	积木	手表	老虎	飞机
	喇叭	桃子	小猪	伞
	所用时间：			
第五组	辣椒	雨点	黄牛	裤子
	篮球	裤子	绿萝	手机
	轮船	飞船	冰块	西瓜
	所用时间：			
第六组	锣鼓	舌头	炒锅	茶叶
	抹布	茶叶	木棍	牙刷
	排球	脸盆	桌子	饭盒
	所用时间：			

回忆提示	房子	荷花	辣椒	锣鼓	牙刷	伞	西瓜	饭盒
错误个数								

第6天　30个词组串联联想

训练方法：

对每组词语进行图像串联联想，串联时把30个词语串联成一个连续的图像组合（方法同前）。

每串联完成一组，记录下所用时间，然后马上闭上眼睛回忆整组图像的内容。

训练要求：

1.刚开始时要求图像清晰，不要求速度。

2.第一组在串联过程中允许回看前面的内容。

3.第二组在串联过程中不允许回看前面的内容。

检验标准：

1.每训练完一组检查回忆一次。

2.检查方法：请自行遮挡前面的内容，只根据提示词，回忆并默写出整组词语的内容。

3.漏词、多词、顺序颠倒都算是错误。

4.如果错误数量超过3个，请重新记忆。

训练心得及训练感受记录：

_____

_____

_____

_____

_____

训练内容：

洗发水	相机	头发	月亮	松树	松鼠
熊猫	企鹅	玻璃	西瓜	弹簧	蒙古包
碗	双人床	手链	狮子	扇子	沙发
飞碟	葫芦	机器猫	煤气灶	箱子	砖头
指甲	玉米	印章	椅子	小说	小河

所用时间：

车票	U盘	排球	宫殿	辣椒	轮船
儿童	水杯	脸盆	拖把	雨点	飞船
花生	轮胎	桌子	音箱	黄牛	冰块
眼霜	金鱼	饭盒	牙刷	裤子	黄瓜
树叶	手枪	纸条	洗衣机	腰包	鹦鹉

所用时间：

回忆并默写

洗发水					

错误个数：

					鹦鹉

错误个数：

第7天 必须掌握的密码之谐音法

怎么还有密码？这是要搞特务工作吗？

错。这么叫是因为这东西对外行来说太神秘了，如果你掌握了它，它就不再神秘，而是一种非常好用的工具，就像是你掌握了一种语言一样。

你在用一种别人完全看不懂的语言在记忆别人能看懂的东西。

说了这么多，那到底是一种什么样的密码呢？

我觉得可以称为"编码语言"。

例题：需要记忆的内容，还是12个词，一个不多，一个不少。

> 前后、强壮、祖国、落伍、开始、节省
> 始终、自由、极限、细节、乐观、大方

这是一种翻译成图像的方法，可以把这种抽象的词语翻译成图像。

什么叫抽象词？

别急，因为"抽象"本身就是一个抽象词，我现在把它变成了"拿着鞭子抽打大象"，其实就是帮你在脑海中创建一幅非常形象的场景（图像）。

现在，看看刚才那些词中哪些能够通过谐音法翻译成图像的。

> 前后、强壮、祖国、落伍、开始、节省
> 始终、自由、极限、细节、乐观、大方

我找到这么几个：

始终——石钟

这是直接谐音成一个形象的名词的方法，确实很难，和水平无关。

除了这个，还可以谐音成一个动词名词组合或者类似的组合。

前后——钱厚（就是钱多啊，厚厚的一摞。）

落伍——落舞（从空中落到舞台上开始跳舞。）

开始——开屎（好恶心啊！）

节省——结绳（把绳子打结的过程。）

自由——字游（一个字在水里游动。）

极限——鸡线（一只鸡嘴里叼着一根线。）

剩下的没法谐音的，怎么办呢？

第8天　抽象词谐音转图（一）

训练方法：

通过谐音的方法（发音相似的方法）对词语进行转化，转化成一个能够形成图像的词语，如：逻辑。

这是一个很抽象的词，但是我们可以把与此发音的相似的字找出来，来拼成一个能够形成图像的词语。

逻——裸　辑——鸡　　　逻辑——裸鸡

转换的方法有三种：

发音相同：声母、韵母都相同，只有声调不同。如：逻辑——裸鸡

发音相似：只有韵母略有不同。如：经常——京城、分子——疯子

发音相近：都有可能不同。如：根本——歌本、品质——瓶子

训练要求：

1.用谐音法转换下面的词语。

2.写出谐音出来的词语，并在脑海中把图像清晰化。

3.记录下转换每组词语所用的时间。

训练内容：

宽容	接受	非常	公正	沉稳	难道	寻求	和气	如何	意义	一直
是否	权利	故障	沉稳	主意	原则	打造	参加	拜托	庄重	拍卖
加紧	飞速	广阔	质疑	控制	需要	围绕	尴尬	平凡	确实	胜利
善良	横截	考查	义务	科学	批改	收藏	杂项	完美	价值	毁坏
职务	搭配	正式	公务	引用	正值	职责	曾经	客观	稳定	政治
承诺	选举	成功	根基	接合	生气	思考	常务			

第9天　抽象词谐音转图（二）

训练方法：

通过谐音的方法（发音相似的方法）对词语进行转化，转化成一个能够形成图像的词语。

对三个字、四个字的词语进行谐音转图时，与两个字的词语没有太大区别，我们可以只选择的其中的两个或者三个词语来进行谐音转图。

如：朝气蓬勃——朝气——照旗

训练要求：

1.用谐音法转换下面的词语。

2.写出谐音出来的词语，并在脑海中把图像清晰化。

3.记录下转换每组词语所用的时间。

训练内容：

软实力	里程碑	空城计	清一色	莫须有	想当然	走过场	逐客令
搞形式	下功夫	一言堂	东道主	恶作剧	破天荒	忘年交	两面派
惊天动地	情非得已	水落石出	满腹经纶	专心致志	兵临城下
无能为力	春暖花开	任劳任怨	插翅难逃	深不可测	黄道吉日
风吹草动	天下无双	烟消云散	偷天换日	百里挑一	两小无猜
千辛万苦	卧虎藏龙	和平共处	珠光宝气	有始有终	簪缨世族
欣欣向荣	花花公子	无忧无虑	壮志凌云	生龙活虎	肝胆相照
言而有信	国民收入	道德品质	如花似玉	行尸走肉	百里挑一
金玉满堂	背水一战	霸王别姬	天上人间	不吐不快	海阔天空

第10天 必须掌握的密码之代替法

没有办法法谐音的或者谐音不好处理的，我们就可以用一些场景来代替。

强壮——用施瓦辛格（美国知名肌肉男演员）来代替。

祖国——用国旗、天安门或者中国地图来代替。

细节——用一根又细又长还有很多分节的竹竿来代替。

乐观——用一个笑脸、周星驰，或者某个喜欢哈哈大笑的人物来代替。

大方——用某人请人吃饭或者送礼物的场景来代替。

现在可以将下面的12个图像用刚才串联的方法自编自导自演一部电影了。

编剧、导演：赵小帅（关于赵小帅的故事，请到《学霸都在用的超级记忆术》中了解。）

主要演员表：（前面是演员真实姓名，后面是在本部电影中的角色）

前后：钱厚　　强壮：施瓦辛格

祖国：天安门　　落伍：落舞

开始：开屎　　节省：结绳

始终：石钟　　自由：字游

极限：鸡线　　细节：竹竿

乐观：星爷　　大方：土豪

剧情简介：

厚厚的一摞美元上跳下来肌肉男施瓦辛格，他来到天安门，观看神奇的落舞表演，结果下场的时候不小心用脚踩到屎把屎给开了，于是大家从屎里面抽出来一根绳子打成结（给我个盆，我要吐），然后去水里打捞出来一个石钟。石钟周围全是在游泳的字条，一只鸡从字条中窜出来，嘴里叼着一根细线。细线上绑着一根细细的竹竿，竹竿不小心打了下星爷的脑袋，气得星爷哈哈大笑，并用手指着一个准备请人吃饭的土豪。

这次回忆一下，是不是感觉有些难度了。

因为这部电影上演的不再是一部现代剧，而演员也是经过了我（赵小帅）和造型师进行化妆改造以后才开始上演的，很多的角色已经看不到演员原本的面目了，但是我们需要根据演员们角色的形象回忆起演员原本的名字。

当然，我们得先记住这部电影的故事情节（串联起来的每个图像元素），然后再根据每个情节去回忆演员原本的名字。

试一下吧，光看是没用的，必须要自己闭上眼睛亲自去试一下，才能知道自己的水平。

先回忆一遍电影的主线。

再来回忆电影中的主要元素。（12个元素）

（一摞钱）→　　　（　　）→　　　（　　）→　　　（　　）→

（　　）→　　　（　　）→　　　（　　）→　　　（　　）→

（　　）→　　　（　　）→　　　（　　）→　　　（　　）

再根据每个情节，回忆出每个演员的真实姓名。

（一摞钱）←　前后　　　　　　（　　）←　_____

（　　）←　_____　　　　（　　）←　_____

（　　）←　_____　　　　（　　）←　_____

（　　）←　_____　　　　（　　）←　_____

（　　）←　_____　　　　（　　）←　_____

（　　）←　_____　　　　（　　）←　_____

希望你们不要辜负我赵大导演的辛苦付出，能够记住每个演员的名字啊。

好了，这就是我要教给大家的第一种密码语言，就是把抽象的词翻译成一种别人完全看不懂的图像。

不知道学到这里，你是烦了还是累了？

调整一下，因为还有更多的东西等着我们去体验呢！

怎么调整？

去放松一下自己吧！

听首歌、上个厕所、喝杯水，或者走到窗前去看看外面的花花世界，再不行去逗逗你家的小狗、喂喂你家的鱼、浇浇你家的花。

不要走开太久啊！那些事情会上瘾的啊！

三到五分钟，赶紧回来接着看电影！

这第三部电影就有点像真正的进口大片了！

什么意思？如果说刚才的电影是英文对白加中文字幕，那接下来这部就是连字幕也没有了，如果不懂得这种语言，就完全不知道电影在讲什么了。

别急，先来把这部分内容训练几天，熟悉一下。

第11天　抽象词代替转图（一）

训练方法：

通过潜意识出图法（第一印象出图法）来将抽象的词语转化成一个图像或者一个场景。

当我看到"训练"一词的一瞬间，脑海中产生了这样一个场景：

一个教练带着十几个运动员在操场上跑步。

那我们就用上面的场景来代表"训练"这个词语。

训练要求：

1.用代替法转换下面的词语。

2.写出转换出来的图像或者场景的大概描述，并在脑海中把对应的图像或场景清晰化、具体化。

3.记录下转换每组词语所用的时间。

训练内容：

宽容	接受	非常	公正	沉稳	难道	寻求	和气	如何	意义	一直
是否	权利	故障	沉稳	主意	原则	打造	参加	拜托	庄重	拍卖
加紧	飞速	广阔	质疑	控制	需要	围绕	尴尬	平凡	确实	胜利
善良	横截	考查	义务	科学	批改	收藏	杂项	完美	价值	毁坏
职务	搭配	正式	公务	引用	正值	职责	曾经	客观	稳定	政治
承诺	选举	成功	根基	接合	生气	思考	常务			

第12天　抽象词代替转图（二）

训练方法：

通过潜意识出图法（第一印象出图法）将抽象的词语转化成一个图像或者一个场景。如：朝气蓬勃——一群蹦蹦跳跳的孩子。

对三个字、四个字的词语进行转图时，与两个字的词语没有太大区别。代替法有别于谐音法，它不需要提取关键字来进行转图，而是可以直接根据字面的第一印象来转图，和字数的多少关系不大。

训练要求：

1.通过代替法转换下面的词语。

2.写出转换出来的图像或者场景的大概描述，并在脑海中把对应的图像或场景清晰化、具体化。

3.记录下转换每组词语所用的时间。

训练内容：

软实力	里程碑	空城计	清一色	莫须有	想当然	走过场	逐客令
搞形式	下功夫	一言堂	东道主	恶作剧	破天荒	忘年交	两面派
惊天动地	情非得已	水落石出	满腹经纶	专心致志	兵临城下
无能为力	春暖花开	任劳任怨	插翅难逃	深不可测	黄道吉日
风吹草动	天下无双	烟消云散	偷天换日	百里挑一	两小无猜
千辛万苦	卧虎藏龙	和平共处	珠光宝气	有始有终	簪缨世族
欣欣向荣	花花公子	无忧无虑	壮志凌云	生龙活虎	肝胆相照
言而有信	国民收入	道德品质	如花似玉	行尸走肉	百里挑一
金玉满堂	背水一战	霸王别姬	天上人间	不吐不快	海阔天空

第13天　必须掌握的密码之数字编码

今天，我们开始看第三部电影。

我们先来看看即将出场的这些演员，你们就明白了。

$$\sqrt{2}=1.41421356237309504880168872420969807856967187537694$$
$$80731766797379907324784621070388503875343276415727$$

对于这种密密麻麻的、像蚂蚁一样的数字，凭借我们传统的死记硬背的方法是不可能完成的，这不是时间的问题。给你一年时间，可能你能够记下上面的这100位数字，但是如果给你1000位呢，10000位呢，你觉得你需要几年？几十年？还是一辈子？

所以，这项绝技你必须要学，那就是把数字翻译成图像的武林秘籍。

好吧，我们还是先来看一部没有中文字幕的超级大片。

故事是从一只不幸去世的鱼开始的。

镜头里，一只死鱼静静地躺在那里，一动不动，没有人知道是谁杀了它。这时有一股仙气飘来，鱼的身体微微抽搐了一下，突然一跃而起，一头扎进一个大大的西红柿里。像鲜血一样的西红柿汁染红了死鱼的身体，流啊，流啊……整个西红柿也在流动，接下来吧唧一下子就掉到了医生的白大褂上，瞬间变成了一团血红。医生正拿着手术刀给一只蜗牛做手术呢，结果被这一砸，不小心一刀就把蜗牛给捅死了。这时候屏幕上只看到这只可怜的蜗牛慢慢地飘到一个和尚的面前，准备让和尚给自己做超度。和尚接过蜗牛，去取了一个鸡蛋，用鸡蛋不断地敲打吊在空中的一串菱角。每敲打一下，就会有五个不同颜色的圆环从里面掉出来……

先来看看强大的演员阵容。

41—42—13—56—23—73—09—50—48—80—16—88—72—42—
09—69—80—78—56—96—71—87—53—76—94—80—73—17—
66—79—73—79—90—73—24—78—46—21—07—03—88—50—
38—75—34—32—76—41—57—27

好吧，我们先把上面这段影片中的主要角色给取出来。

一条死鱼一跃而起，一头扎进西红柿，西红柿汁染红了医生的白大褂，医生正在给蜗牛做手术结果蜗牛身亡，蜗牛飘到和尚面前，和尚拿了枚鸡蛋去敲打一串菱角，每敲打一下，菱角上就会有一串五色的圆环掉下来……

上面这几个角色的扮演者分别是：

41 —— 死鱼　　42 —— 西红柿　　13 —— 医生

56 —— 蜗牛　　23 —— 和尚　　73 —— 鸡蛋

09 —— 菱角　　50 —— 五环（五色的圆环）

好了，现在聪明的你们应该明白了吧。

这就是第二种神秘的翻译语言，就是把数字转换成图像的数字编码。

为什么要研究这些无聊的数字呢？要知道在大部分的考试过程中，很多数字要求是精确到小数点后面两位数字的，比如圆周率按3.14来计算就能满足大部分题目的要求了。为什么还要记这么一堆无聊的数字呢？

如果仅仅是为了作秀来满足自己的虚荣心，那估计全国人民没几个人会有耐心把这项技能坚持训练下去，更多的人还是看中了它的实际应用价值。

不论是历史知识还是地理知识，会有很多和数字有关的知识点，例如历史中的年代、地理中的人口面积等，所以掌握数字编码是一项必要的技能。

怎么才能快速掌握这些数字和编码之间的关系呢？

我们先来看看前面已经学会的谐音法能不能解决一部分数字的编码问题。

41 —— 司仪　　42 —— 柿儿　　13 —— 医生

56 —— 蜗牛　　23 —— 和尚　　73 —— 鸡蛋

09 —— 菱角　　50 —— 武林

好像有几个和刚才电影中的角色不一样啊？

没错，这个没有固定的角色，只是一种谐音转换的方法。

注：国内很多类似的书籍中提供的编码很多也是利用谐音法来完成的。

比如：23——和尚、42——银耳、43——雪山

这些词语至少在我看来完全和谐音无关，实际发音是非常相似的，但不是北方人或者普通话的发音，而是粤语也就是广东话的发音。

这主要是因为最早把这项技术带入中国的两位记忆大师张杰和王茂华老师设置的第一套数字编码就是按广东话的发音特点设计出来的。

鉴于本人生在渤海湾，长在黄河口，所以就不给大家翻译广东话的发音了，大家知道这一点仅作参考就好。

除了谐音法以外，还有两种方法来编制数字编码。

一种是长得像。

00 —— 眼镜（两个圈圈）

10 —— 棒球（一个棒加一个球）

11 —— 筷子（两根棍棍）

这些都属于直接长得像的类型。

还有一种是意会型长得像，如：

20 —— 耳环（2个圈）

30 —— 三轮车（3个圈）

40 —— 汽车（四个圈嘛，特别是奥迪汽车，标志就是4个圈）

50 —— 五环（5个圈嘛，可以是五环旗或者奥运火炬等）

35 —— 555 牌香烟

39 —— 999 感冒

一种是想得起。

这个就比较随意了，只要这个数字能让你想起一件东西，能代表这个数字就行。

比如：

51——扳手（五一劳动节，工人的节日，扳手代表工人阶级）

61——红领巾（六一儿童节，红领巾代表儿童）

81——解放军（建军节嘛）

怎么全是节？那当然，还有54青年节、38妇女节、45清明节、99重阳节等。

当然也可以用一些对你自己来说有意义的数字。比如87就是赵小帅五门课加一块的总分，而光荣摘取全年级倒数第一的"桂冠"，那么87的图像就可以是一叠试卷。93是某一年赵小帅参加学校运动会男子组百米冠军时所戴的运动员号牌，那么93的图像就可以是一件运动衫或者一双跑鞋。

好了，我想大家现在都知道数字编码是怎么产生的了，接下来就是要生成自己的数字编码了。

怎么生成？

就是从00到99把这一百个两位数每一个固定成一个图像来作为编码。

为什么是两位数？一位数设计10个编码不就够了，多省事儿！

对吗？大错特错。

（两位编码机制和国际上三位编码及万码的相关资料，请到《学霸都在用的超级记忆术》一书中查询。）

现在国内有很多现成的编码表，这些编码表都是国内很多大师常用的编码表，但是大师们总结出来的，并不一定是适合你用的。每个大师都会有适合自己的编码表，我们也要像大师一样有自己的编码表，适合自己的才是最好的。一定要逐个筛选和优化这100个数字编码，直到每个编码都适合自己，达到记起来图像清晰，用起来得心应手才好。

不过，还是参考一下别人现成的编码表，如果适合自己的就直接拿来用好了，这样可以为我们节省出很多的时间和精力，不用每个编码都亲自去谐音、去研究它们长得像谁。

（国内记忆大师常用数字编码参考表，请到作者的微信公众号中查找。）

除了这100个数字编码，有时候我们还要定义10个"个位数"编码。

1：树、烟囱、笔、牙签、火柴棍、扁担……

2：鸭子、二傻子、龙舟……

3：耳朵、弹簧、鼻子、屁股……

4：红旗、三角旗、寺……

5：勾子、秤勾、哭、屋……

6：哨子、豆芽、蝌蚪……

7：旗、镰刀、手枪、拐杖……

8：麻花、葫芦、爸……

9：勺子、蝌蚪、舅……

0：鸡蛋、光盘、圆环、气泡、小球……

定义这10个单独的个位数的编码，是方便以后处理一些特殊情况。

比如，我们在记忆数字618和0618的时候，怎么区别呢？

0618直接用两位数字编码06+18来处理，而618就要用一下上面的10个编码了。我们把618拆分成6+18或者61+8。具体怎么拆分，完全看个人的使用习惯。

虽然个位数的编码在实际应用过程中用得很少，但是因为只需要记10个，不用花费太多的时间和集力，所以建议大家还是设计一下，把它们记下来好一些。

在设计编码的时候注意一个问题，就是不要和前面的100个编码的图像有冲突。对于非常相似的图像，一定要想办法区分或者替换，保证留在大脑中的图像都能轻松地区分开来。

明天的训练中我附了一张空白的表格,这是让你们把参考筛选加优化后形成的自己的数字编码填在后面的空白表格里。

那才是属于你自己的真正的致命武器。

第14天　编码设计

训练方法：

编码设计的方法常用的有三种。

一是谐音法。如：14——钥匙、79——气球、67——楼梯。

二是形似法。如：11——筷子、00——眼镜、10——棒球。

三是特殊意义。如：61——红领巾、81——解放军、38——妇女。

你可以根据自己的习惯和对编码的理解，设计出适合自己的100个数字编码。设计时可以参考之前国内很多大师的编码，但不能照抄。

训练要求：

1.这100个数字编码中，尽量避免图像重复（苦瓜、黄瓜、丝瓜非常相似，篮球、足球等球类非常相似）。

2.编码中尽量少使用没有具体形象的人物（司机、老师这样的形象可以用，但必须找到一个具体的形象：是男是女，是胖是瘦，穿什么衣服，长什么样子等）。

检验标准：

编码中没有容易混淆的图像。

训练心得及训练感受记录：

_____

_____

_____

_____

_____

写下自己选定的100个数字编码（建议使用铅笔填写，方便修改）

00		20		40		60		80	
01		21		41		61		81	
02		22		42		62		82	
03		23		43		63		83	
04		24		44		64		84	
05		25		45		65		85	
06		26		46		66		86	
07		27		47		67		87	
08		28		48		68		88	
09		29		49		69		89	
10		30		50		70		90	
11		31		51		71		91	
12		32		52		72		92	
13		33		53		73		93	
14		34		54		74		94	
15		35		55		75		95	
16		36		56		76		96	
17		37		57		77		97	
18		38		58		78		98	
19		39		59		79		99	

第15天　编码串联及优化

训练方法：

使用之前讲过的串联联想的方法，将100个数字编码的图像进行串联联想。串联完成后，闭上眼睛进行回忆。

刚开始时不要求速度，能够顺利串完为原则；然后进行倒序回忆，能够顺序回忆出来就可以。

如果总是在某个图像处遗忘或者中断，就把该数字编码的图像进行更换。如果总是把某两个图像进行混淆，就对其中的一个或者两个进行更换。

训练要求：

1.能够顺利不间断地回忆100个数字编码的串联图像。

2.能够倒序回忆100个数字编码的串联图像。

检验标准：

1.在回忆过程中，没有出现中断、遗忘或者混淆现象。

2.在倒序回忆时没有出现中断，感觉自然流畅。

训练心得及训练感受记录：

_____

_____

_____

_____

_____

_____

请用串联联想将100个数字串在一起，然后进行回忆。

第一次串联完成所用时间：

第一次回忆所用时间：　　　　　能正确回忆出的个数：

第二次回忆所用时间：　　　　　能正确回忆出的个数：

第三次回忆所用时间：　　　　　能正确回忆出的个数：

根据出错概率，优化自己的100个数字编码。

00		20		40		60		80	
01		21		41		61		81	
02		22		42		62		82	
03		23		43		63		83	
04		24		44		64		84	
05		25		45		65		85	
06		26		46		66		86	
07		27		47		67		87	
08		28		48		68		88	
09		29		49		69		89	
10		30		50		70		90	
11		31		51		71		91	
12		32		52		72		92	
13		33		53		73		93	
14		34		54		74		94	
15		35		55		75		95	
16		36		56		76		96	
17		37		57		77		97	
18		38		58		78		98	
19		39		59		79		99	

第16天　数字记忆训练

好了，有了这张神秘的表格，那就开始数字记忆训练吧。

100位随机数字如下：

$\sqrt{3}$=1.7320508075688772935274463415058723669428052538102806280558069794519330169088000370811461867572485756756261414 1540670303

是不是看着有点眼晕啊？没关系，我帮大家分开就舒服多了。

$\sqrt{3}$ =1.
73	20	50	80	75	68	87	72	93	52	74
46	34	15	05	87	23	66	94	28	05	25
38	10	28	06	28	05	58	06	97	94	51
93	30	16	90	88	00	03	70	81	14	61
86	75	72	48	57	56					

如果你对数字编码感觉还不熟悉的话，先来做几天的读码训练吧。

第17天 读码训练

训练方法：

所谓读码，就是当眼睛看到一个两位数的时候，大脑中能够想象出对应的编码图像。

读码的速度越快，呈现的图像越清晰，后期记忆数字的速度就会越快。所以在刚开始训练数字编码的时候，不需要去训练记忆，只需要训练读码就可以。

当读码的速度降到秒级甚至一秒钟能读10位数甚至10个编码的时候，记忆的速度自然会提高很多。

训练要求：

1.看到数字后，脑海中呈现出对应的图像，才能去读下一个数字。长时间回忆不出来时，可以翻看编码表。

2.刚开始训练时不求太快，力争图像清晰。

检验标准：

第一阶段每个编码的反应时间不能超过2秒。

第二阶段每个编码的反应时间不能超过1秒。

训练心得及训练感受记录：

_____

_____

_____

_____

_____

读出下面数字对应的编码，以大脑中反应出图像为原则。如果读码过程中长时间反应不出对应图像，允许翻看编码表，但计入时间。

第一组：　　　　　　　　　　　所用时间：

14	15	92	65	35	89	79	32	38	46
26	43	38	32	79	50	28	84	19	71
69	39	93	75	10	58	20	97	49	44
59	23	07	81	64	06	28	62	08	99
86	28	03	48	25	34	21	17	06	79

第二组：　　　　　　　　　　　所用时间：

82	14	80	86	51	32	82	30	66	47
09	38	44	60	95	50	58	22	31	72
53	59	40	81	28	48	11	17	45	02
84	10	27	01	93	85	21	10	55	59
64	46	22	94	89	54	93	03	81	96

第三组：　　　　　　　　　　　所用时间：

44	28	81	09	75	66	59	33	44	61
28	47	56	48	23	37	86	78	31	65
27	12	01	90	91	45	64	85	66	92
34	60	34	86	10	45	43	26	64	82
13	39	36	07	26	02	49	14	12	73

第四组：　　　　　　　　　　　所用时间：

72	45	87	00	66	06	31	55	88	17
48	81	52	09	20	96	28	29	25	40
91	71	53	64	36	78	92	59	03	60
01	13	30	53	05	48	82	04	66	52
13	84	14	69	51	94	15	11	60	94

第18天 单桩单图像记忆

训练方法：

利用地点桩来进行数字记忆的训练。将数字转换成图像以后，通过联想的方式将图像挂接到固定的地点桩上。

例如，我们用十个标准房间中的第一个房间来记忆下列数字。

14 15 92 65 35 78 79 32 48 46

衣柜上挂着一把大钥匙，窗帘上停着一只鹦鹉，显示器里跳出来一个篮球……

训练要求：

1.每组训练前，先在大脑中回忆一遍准备使用的地点桩。

2.编码图像和地点图像串联时要让两者发生关系。

| 50 | 24 | 45 | 94 | 55 | 34 | 69 | 08 | 30 | 26 |

| 42 | 52 | 23 | 08 | 25 | 33 | 44 | 68 | 50 | 35 |

| 26 | 19 | 31 | 18 | 81 | 71 | 01 | 00 | 03 | 13 |

| 78 | 38 | 75 | 28 | 86 | 58 | 75 | 33 | 20 | 83 |

| 81 | 42 | 06 | 17 | 17 | 76 | 69 | 14 | 73 | 03 |

| 59 | 82 | 53 | 49 | 04 | 28 | 75 | 54 | 68 | 73 |

| 11 | 59 | 56 | 28 | 63 | 88 | 23 | 53 | 78 | 75 |

第19天　单桩双图像记忆

训练方法：

训练方法和原理与前一天相同，区别是每个地点桩上挂接两个图像，注意两个图像在地点桩上的先后顺序。

例如，我们用十个标准房间中的第二个房间来记忆下列数字。

14 15 92 65 35 89 79 32 38 46 26 43 38 32 79 50 28 84 19 71

花盆上挂着一把大钥匙，钥匙上停着一只鹦鹉。

杂志上放着一个篮球，篮球裂开了，里面钻出来一个大鼓……

训练要求：

1.每组训练前先在大脑中回忆一遍准备使用的地点桩。

2.注意处理好两个编码图像的先后（或者主次）关系。

利用地点桩记忆下列每组数字（若一遍不能记牢，可重复记忆）。

第一组：　所用时间：

17	12	26	80	66	13	00	19	27	87
66	11	19	59	09	21	64	20	19	89

第二组：　所用时间：

59	82	53	49	04	28	75	54	68	73
11	59	56	28	63	88	23	53	78	75

第三组：　所用时间：

42	52	23	08	25	33	44	68	50	35
81	42	06	17	17	76	69	14	73	03

第20天　数字马拉松

训练方法：

训练方法和原理与前一天相同，但要坚持一次记忆200个数字。每次用到五组地点桩（五个房间）。其间从一个房间跳跃到另一个房间时，要做好衔接。

数字马拉松记忆锻炼的是长时间保持注意力集中的能力，坚持训练对大脑的记忆能力会有很大的提高。

训练要求：

1.第一遍不要求速度，但必须一口气记完200个数字。

2.记忆过程中可以回看和复习，直到200个数字记忆完全正确为止。

3.记录下完成记忆所用的时间。

33	05	72	70	36	57	59	59	19	53
09	21	86	11	73	81	93	26	11	79
31	05	11	85	48	07	44	62	37	99
62	74	95	67	35	18	85	75	27	24
89	12	27	93	81	83	01	19	49	12
98	33	67	33	62	44	06	56	64	30
86	02	13	94	94	63	95	22	47	37
19	07	02	17	98	60	94	37	02	77
05	39	21	71	76	29	31	76	75	23
84	67	48	18	46	76	69	40	51	32

第21天　快速数字记忆

训练方法：

快速数字记忆关键是快。在记忆前要先对数字编码和准备启用的地点桩进行一次热身（热脑），这样才能保证在训练时达到足够快的速度。快速记忆训练初期采用单桩单图像的方式。

快速数字记忆的前提是读码速度一定要快，也就是前几天的读码训练一定要坚持。按记忆20位数字（10个图像）来算，如果读码的时间是10秒，那么记忆的时间一般在30秒左右。如果读码的时间只用3秒，那么记忆的时间一般不会超过10秒，即记忆时间大约三倍于读码时间。

训练要求：

1.快速记忆一遍数字，不用复习。

2.每记忆一组接着闭上眼睛回忆一遍图像。

请用最快的速度记忆下面的每一组数字。

第一组：　　所用时间：

50	24	45	94	55	34	69	08	30	26

第二组：　　所用时间：

42	52	23	08	25	33	44	68	50	35

第三组：　　所用时间：

26	19	31	18	81	71	01	00	03	13

第四组：　　所用时间：

78	38	75	28	86	58	75	33	20	83

第五组：　　所用时间：

81	42	06	17	17	76	69	14	73	03

第22天 神奇的房间

是不是串联得有些头大了？这就对了。

接下来我就教给你比串联要轻松加愉快的记忆方法，那就是房间法。

我绝对没有故意涮你的意思，串联是为了锻炼你的图像感。当你的图像感越来越好的时候，再教给你更好的方法，你才能够轻松地驾驭。

这就跟学开车是一个道理。在你初学的时候，我给的车的最高时速也只能跑30公里，你想跑快都没有可能，因为你没有能力驾驭高速行驶的汽车。等你慢慢熟悉，有了几千公里的驾驶经验了，再给你辆时速可达180公里的高档跑车，你才有可能开得得心应手。

我们同样来记12个词语：

> 铁路、公鸡、箱子、蛋糕、报纸、护士
> 气球、荔枝、领带、雪山、葡萄、炸弹

这次我们不用串联的方法，而是用下面的这张图来记住这12个词语。

我们先把这张图想象成自己的卧室。站在这间卧室里，你现在就是拍这张照片的这个人。

然后你环视一下这个房间，把每件物品的摆放位置记下来。

不需要用什么策略，就是拿眼睛随便在这张图上扫描几下，然后闭上眼睛回忆就好，只要你能回忆出房间里大部分物品都摆放在什么位置就可以了。

然后我们从这个房间找出几个有标志性的东西出来。何为有标志性的东西？就是能够明显区别于房间里其他物品，并给我们头脑中留下深刻印象的东西。

似乎越说越迷糊，还是直接举例子吧。

1.那株只露了一半的绿色叶子的植物（简称叶子）。

2.地上红色球组成的奇怪造型（球）。

3.书架。

4.墙上的带壁灯的那两块黄色木板（简称板）。

5.书桌。

6.转椅。

7.绿色的电脑桌（简称电脑桌）。

8.窗户。

9.墙上的张贴画（简称画）。

10.沙发。

11.地垫。

12.顶灯。

我们需要的12件物品找好了，现在还需要做一件事，就是按固定的顺序把这12件物品记下来。

有个很简单实用的方法，就是沿着我们找到的物品在图上画一条线，重要的是要把这条线画到我们的脑海中。

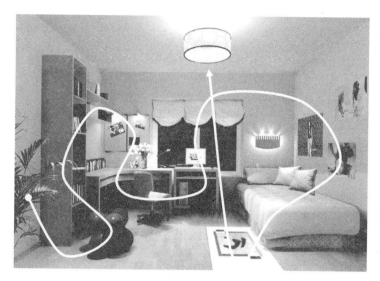

好了，现在闭上眼睛在脑海中过上几遍这条曲线吧。

不要觉得图上为什么非要有个交叉。我刚才已经说过了，我们要把这张图想象成是一个立体的空间，我们正置身于这个房间之中，然后你按刚才的顺序过一遍这12个点，是不是根本感觉不到交叉啊。

如果你还是找不到感觉的话，我再教你一个绝招儿：站到自己家的客厅或者卧室的正中间，在真实的环境中找到12个点，然后按顺序记下这12个点。

说了这么多，你们还记不记得我们的任务是干什么？

我们的任务不是来记这些无聊的房间图，我们的任务是如何用这些房间图来记忆下刚才的那12个词语。

铁路、公鸡、箱子、蛋糕、报纸、护士

气球、荔枝、领带、雪山、葡萄、炸弹

接下来我就要详细介绍一种超级高效记忆方法，俗称罗马房间法。

说得这么高大上，难不难？

其实，越是高大上的东西越简单。

王阳明的心学难不难？其实就是四个字：知行合一。

语文课本上古文中提到的那个卖油翁的技术难不难？其实也是四个字：熟

能生巧。

因为从小记忆力不好而参加训练，最后成为世界记忆大师难不难？还是四个字：勤能补拙。

世界记忆大师都在用的罗马房间法难不难？其实也是四个字：图像定桩。

我们把从图片或者自己家的真实环境中找到的这些点叫"桩"，然后把我们需要记忆的词语转成图像，挂接到这些"桩"上。

就这么简单，还是来看例子。

第一个词语是铁路，这个形成图像太简单了，就是铁路。

第一个作为桩的点是那盆绿色大叶子的植物。

怎么挂接呢？

其实就是图像串联联想。唯一的区别就是原来是把词语与词语之间进行图像的串联联想，现在是把桩的图像和词语的图像进行串联联想。

在绿色的叶子之间架了一条悬空的铁路。

这样就可以了，一个非常简单但是非常清晰的图像。然后我们把后面的11组图像都串联完成。为了让你们看得更清楚，我把代表桩的文字加了下划线，把代表需要记忆的词语的文字加了着重号。

在绿色的叶子之间架了一条悬空的铁路。

红球上站着一只正在打鸣的公鸡。

书架上硬塞着一个大大的箱子，都快从上面掉下来了。

墙上的黄色木板上挂着一个漂亮的蛋糕。

书桌上堆满了报纸。

转椅上坐着一位漂亮的护士。

电脑桌上挂了好多好多的气球。

窗户的玻璃上粘着好多荔枝。

墙上的海报画上都系着一条领带。

沙发上堆了好几座雪山。

地垫上全是一串一串的葡萄。

顶灯上有一枚炸弹。

发现和串联联想的区别了吗？

这种方法只需要两两串联，不需要一直串联下去。我们记忆的图像中，有一半元素是辅助我们记忆用的。这就是高效记忆法的原则，就是：

用自己熟悉的东西，来记忆自己不熟悉的东西。

（后面的一章专门有针对房间的练习，一定要认真地训练哦！）

此招的记忆速度要明显比纯粹的串联联想快得多，更重要的是房间记忆法还有以下特点：

1.没有数量的限制。串联联想是有一定的数量限制的，当串联联想的数量达到几百个上千个的时候，估计你脑子里就成一团糨糊了。房间法没有，只要我们能够提前记住足够多的房间，就可以记住足够多的元素。

2.可以快速地查找。比如我们在设置房间的时候，每个房间就找10个点，然后找上10个房间，就是100个点。如果我们要回忆第××号是什么图像，可以在脑海中直接跳过第×号房间去找，而串联必须从零开始。

3.房间是可以重复利用的。

好了，你们只要先了解房间的这些好处就行。如果你们还没有切身体会到没有关系，慢慢来，后面的训练会让你很爽的。

第23天　实景地点训练（一）

训练方法：

先从自己的家中寻找可用的地点桩。

可以从进家门开始，沿着墙按顺时针或者逆时针方向行走，依次经过每个房间，在房间内找到可用的物品或者位置作为地点桩。

在找地点桩的时候，遵循以下几个原则：

1.尽量选择体积大小相当的物品。

2.尽量选择高度（水平位置）相当的物品。

3.尽量选择有固定位置的物品。

4.颜色、形状、风格完全一样的物品（比如窗户）尽量只用一次。

训练要求：

1.请按上述要求在自己家中找到30个可用的地点桩。

2.请画出示意图，并将30个地点桩标记在示意图上。

3.按顺序将30个地点桩记在脑子里。

4.记录下30个地点桩正确回忆一遍所用的时间。

第24天　实景地点训练（二）

训练方法：

到自己的亲人、朋友家寻找可用的地点桩。

方法参考昨天的训练内容。

训练要求：

1.请按上述要求找到两组，每组30个可用的地点桩。

2.请画出示意图，并将60个地点桩标记在示意图上。

3.按顺序将60个地点桩记在脑子里。

4.记录下60个地点桩正确回忆一遍所用的时间。

第25天　虚拟地点训练（一）

训练方法：

从实景照片、电脑合成照片等图片中寻找可用的地点桩。通过想象把自己置身于图片中的场景中，然后从中找到可以用来当作地点桩的点，并按顺序记住每个点的位置和形象。

我们已经帮大家找好了这些可用的点。

训练要求：

1.按顺序记住十个房间的排列顺序。

2.按顺序记住每个房间的10个点的顺序。

3.闭上眼睛能按顺序回忆出这100个点。

4.记录下100个地点桩正确回忆一遍所用的时间。

（以下图片取材于网络搜索，请到作者微信公众号中查看更多高清彩图。）

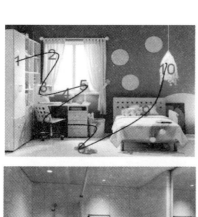

第26天　虚拟地点训练（二）

训练方法：

请按照昨天训练的内容，自行到网络或者自己拍的照片中查找可用的图片，并从每张图片中找到十个可用的地点桩。

如果有条件，请打印出图片，直接粘贴到下页的训练表格中。然后在图片上标出选定的十个点，并画出对应的顺序曲线。

如果不方便打印，请画一个粗略的草图，并画出10个点的位置和对应的顺序曲线。

训练要求：

1.请找到 6 张可用的图片，每张图片中找到10个可用的点。

2.记住每个房间（每张图片）的风格特点，按顺序记下每个点的位置。

第27天　快速过桩训练

训练方法：

快速过桩训练，就是把前几天已经设计构建好的地点桩，在大脑中快速地回忆复习的过程。目标是一秒钟十个地点桩。

训练时尽可能做消声过桩，即在回忆每个地点桩的时候，不要去回忆这个地点桩的名称叫什么，而是侧重回忆这个地点桩是什么形象（形状、大小、颜色等）。一直训练到把这个地点的名称忘掉，只剩下形象。

训练要求：

1.每次训练一组地点桩（一张图），做到正序、倒序回忆。

2.每天把之前的20组全部回忆至少三遍。

3.记录下每次回忆所用的时间。

第28天　房间法升级版

说完了房间法的好处，我们再来看一个升级版的房间法。

如果我们把串联联想和房间法结合起来，是什么效果呢？

我们再来找一个房间，还是从房间里找出12个可用的点。但是这次我们要记忆的词语是24个。

房间可以重复利用，但是在短时间内重复使用，就会发生图像混乱的情况。比如我们刚刚在沙发上堆放了几堆雪山，接着又把雪山从脑海中清出去，改为种上一棵结满果实的苹果树。那么问题来了，等我们闭上眼睛回忆的时候，沙发上是什么？是雪山还是苹果树？

答案并不受你记忆时间的影响，不是说你后来放上去的图像就比先放上的图像清楚，这和当初在脑海中构建图像时的清晰度，还有你对这两件物品的敏感度有关。但是这两个度是我们自己无法觉察的，只能听天由命。

所以，最终在回忆图像的时候，就不好说从你脑海深处会窜出一个什么东西来。

重新启动一个新的房间才是保险的做法。

房间可以重复利用的前提是：当我们把房间上挂接的图像忘记的时候，就可以重复利用了。

什么时候能忘了？一般情况下，建议是第二天，而且中间不能复习。总之，当天用过的房间当天最好就不要再用了。

如果你还不明白，就不需要明白了，只要记住这么用不影响你练习房间记忆法就好。

先从下图中的房间里找出12个点。

为什么房间的左下角都有这种绿色叶子的植物?

我们在房间里找可用的点的时候,经常会碰上类似的情况,比如都有窗户,都有床,都有桌子、椅子、灯、柜子等。如果发现有风格颜色完全相同的物品,就适当地避开这种物品,以免和其他房间里的图像混淆。

我说的混淆是指在你的脑海中混淆。不管你是在图片上找,还是身临其境地站在你家的房间里找都一样。比如你家有三间卧室,每个卧室的窗户都是类似的风格、相近的尺寸,这时候最好不要每个房间都用窗户。因为你经常会分不清自己当时在脑海中,放在窗户上的那只老虎是趴在你卧室的窗户上呢,还是趴在你弟弟的卧室的窗户上,所以干脆就当你家三个卧室只有一个窗户好了。

这些就是在房间里找地点的一些技巧。

利用这些技巧,直接找出12个点来。

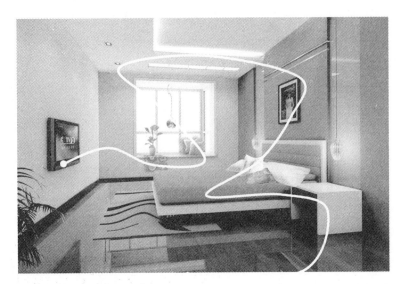

电视机→花瓶→抱枕→小顶灯→灯带→亮条→相框→床头吊灯→床→枕头→床头柜→木地板

闭上眼睛回忆一遍。回忆时如果在脑海中有自己画出来的这条曲线，那每件物品的摆放位置和顺序就会清晰很多。

接下来，在这12个点放置我们需要记忆的内容。

这次我们来点有难度的，我们来记忆一些带有抽象内容的词语，看看自己的脑子还能不能跟得上节奏。

> 扑克、整治、相机、报纸、和谐、地球、竹竿、加快
> 困难、清楚、拖鞋、空调、修理、路灯、响亮、袜子
> 蓝瘦、发表、线条、模式、猴子、独创、拼音、结束

这些抽象词怎么转成图像，前面已经讲过方法了。我只说明一下如何把串联联想和房间法结合起来用，这个描述起来简单省事。

所谓结合起来用，就是在一个点上放置两个图像，然后用串联的方法把两个图像串联起来。

第一个点：电视机。

需要挂接的图像是：扑克、整治（用穿制服的城管来代表）。

最后在脑海中形成的图像是：电视机的屏幕上飞出来好多的扑克，扑克都飞到了城管的身上。

注意：在脑海中构建这个图像的时候，不要让城管大哥离电视机太远了，如果让城管大哥坐到了房间的床上或者远处的地板上，那么就和后面构建的图像发生混淆了。

你可以在脑海中把城管大哥的身体缩小缩小再缩小，一直缩小到跟电视机的尺寸差不多。好了，城管大哥现在就悬空在电视机的屏幕前面，这时候就可以从屏幕里向外飞扑克了。

现在你脑海中的城管大哥是不是在忙着整治这一堆乱飞的扑克了？

后面的我们就加快速度吧。

电视机：飞出来扑克，打到城管的身上。

花瓶：上面结了一个相机（就像结的果实），相机里吐出来报纸（就像一次成像）。

抱枕：上面趴着一只河蟹（和谐），用两只大钳子夹着一个地球仪。

小顶灯：向下伸出一根竹竿，在不停地抽打一匹奔跑的马（加快）。

灯带：灯带上有个小人想搬动一块大石头（困难），石头上的字变得越来越清楚。

亮条：亮条上挂着一只超级大的拖鞋，拖鞋上装了一个空调。

相框：相框里面伸出一个大扳手（修理），扳手中间卡着一个路灯。

床头吊灯：吊灯上插着一支军号（响亮），军号的头上挂着一只袜子。

床：床上长着一个蓝色的香菇（蓝瘦），香菇举着一本杂志（发表）。

枕头：枕头上凸起好多的线条，线条上被抹了好多屎（模式）（有点恶心）。

床头柜：床头柜里钻出来一只猴子，然后站到床头柜上跳了一支独创的舞蹈。

木地板：地板上扔了好多的拼音卡片，其中有一张"END"（结束）卡片特别大还插进了地板。

现在，快速地回忆一遍刚才构建的图像吧。

电视机：扑克打到城管。

花瓶：相机吐出报纸。

抱枕：河蟹夹着地球仪。

小顶灯：竹竿抽打马，马加快速度。

灯带：小人搬石头，字变清楚。

亮条：拖鞋上装空调。

相框：扳手上卡着路灯。

床头吊灯：军号上挂着袜子。

床：蓝香菇举着杂志。

枕头：线条上抹了屎。

床头柜：猴子跳舞。

木地板：拼音卡片上印着 "END"，插进地板。

现在把所有提示都去掉，只对着这张图片回忆一下试试。

最后一步，啥也别看了，闭上眼睛，回忆！

首先做到第一步：能够顺利地回忆出每一个地点的图像。

然后再做第二步：能够根据图像还原出原词。

如果第二步做不到或者不是特别准确也没有关系，这时候需要借助一下声音记忆来刺激一下，经过三至五次的重复，就能准确地回忆出每一个词语了。

具体的原理和方法大家可以不用太追究，先这样去用，用了以后先去体会这种效果的神奇。在下一章中，我会专门给大家解释"同时"原则。

怎么样？现在能闭上眼睛，按顺序说出刚才记下的24个词语了吗？

（　　　）、（　　　）、（　　　）、（　　　）、（　　　）、（　　　）

（　　　）、（　　　）、（　　　）、（　　　）、（　　　）、（　　　）

（　　　）、（　　　）、（　　　）、（　　　）、（　　　）、（　　　）

（　　　）、（　　　）、（　　　）、（　　　）、（　　　）、（　　　）

第29天　不是房间胜似房间

所谓的"罗马房间法"就是指用地点桩来辅助记忆，并不一定真的就是房间，因为现实生活中还有很多可以用来帮助我们记忆的点，这些点我们也可以称之为是一种变形了的房间。

比如人体就是一种最常用的地点桩。

我们可以轻松地找到十几个可用的地点桩。

1.头发　2.眼睛　3.鼻子　4.嘴巴　5.耳朵

6.脖子（或者肩膀）　7.胳膊　8.双手　9.前胸

10.后背　11.屁股　12.大腿　13.膝盖

14.小腿　15.双脚

在日常生活中，我们经常需要临时记忆一些零散的信息，比如购物清单、出门要随身携带的东西，或者是我们学习过程中比较简单却数量稍多的知识点，如唐宋八大家、金属的活跃顺序等。只要是数量不超过15个的，我们都可以用身体桩来临时记忆。

数量少时，我们可以把身体桩上容易混淆的几个部分进行精简。比如屁股、大腿、膝盖、小腿这四个地点可以只选其中的两个，肩膀和胳膊可以只选其中的一个。总之，要学会灵活运用，不能生搬硬套。

我们再来看看其他几种可用的地点桩。

如果你是车迷就可以用车上的部位来作为地点桩。

从车外面找：发动机盖、车头（LOGO）、牌照、底盘、轮胎、后保险杠、后备厢、天窗、侧门、前雨刷。

从车里面找：方向盘、仪表盘、车载导航、空调音响控制区、挡位区、座椅、门内侧把手附近、前排座背后杂物袋、后排座椅、后窗杂物区。

当然，至于哪个位置可选，哪个位置不可选，没有什么标准。只要能让你清晰地记住每个区域的位置顺序，并能在后期使用的时候不产生混淆，就是合理的。如果在后期使用时总是把顺序搞错或者把内容混淆，就必须做适当的调整。

我们还可以从自己喜欢的玩具上找地点桩，如变形金刚、熊大熊二、机器猫、奥特曼等。如果你是女生，就可以从白雪公主、小狗、小猫等各种玩偶上去找。书包、文具盒、喝水的杯子、骑的自行车、穿的鞋子等，都可以从上面进行细分找到一些可用的点。

有些东西在划分地点桩的时候，需要把它们在自己的脑海中进行放大放大再放大，一直放大到就像一个房间那么大或者更大。这样在使用这些地点桩的时候才会有感觉。

除此之外，我们可以直接用数字编码（数字桩）来当地点桩用，也可以用古诗、一句话，甚至一个字进行拆分后当作地点桩来用（详细的使用方法请参考《超级记忆：打造自己的记忆宫殿》一书）。

第30天　抽象地点桩训练

训练方法：

抽象地点包括人体桩、物品桩、卡通动画桩、手绘简图桩、文字桩等。这是一些不需要提前储备，随手拿来就用的地点桩。

最实用的抽象桩建议大家使用文字桩，就是把一首诗、一句话拆成地点桩来使用。

例如，床前明月光，可以拆成五个地点桩：

床、前（钱）、明（明星）、月（月亮）、光（灯光）。

训练要求：

1.找一些自己熟悉的古诗，并将其转换成地点桩。

2.五言、七言的诗都要尝试。

3.重点在图像转换与单个汉字之间的关系。

检验标准：

1.所找出的7组个地点桩必须符合要求。

2.能够根据熟练地回忆出每个桩子的形象。

3.能够根据地点桩的形象回忆出所用的古诗。

训练心得及训练感受记录：

_____

_____

_____

_____

_____

抽象地点桩训练：

空格处填写每个字转换成的地点桩的图像。

所用诗句：						

所用诗句：						

所用诗句：						

所用诗句：						

所用诗句：						

所用诗句：						

所用诗句：						

其他抽象地点桩训练：

将文字放大成地点桩，可直接在下图中标记。

抽象词

第31天　做自己头脑的主人

　　其实关于图像记忆，最基本的方法就是这么多，然后就是训练和应用练习了。但是有一个很重要的问题需要解决好，那就是想象力，也有人管它叫图像感。图像感是什么？往神秘里说就是一种感觉，往实用里说就是怎么才能让构建出来的图像长时间不忘。没错，感觉再好，如果记不住，还是等于零。

　　就像我们前面提到的比喻一样，在脑海中构建图像，就像是拍一部电影。如何才能让我们拍出来的电影生动、形象，看过之后记忆犹新，不管什么时候闭上眼睛，甚至睁着眼睛想一下，电影中的场景都能历历在目？

　　想要做到让脑海中的图像清晰，印象深刻，而且不容易丢失，就必须遵循一些法则。

1. 夸张法

　　什么是夸张？比如我们可以想象一只蚂蚁比汽车还大，我们还以想飞机比鸡蛋还小。

　　为什么要这样做？这是便于我们在构建图像的时候，能够构建出印象更加深刻的图像组合，比如我们可以想象一只蚂蚁头上顶着一辆汽车，可以想象飞机从鸡蛋中破壳而出。如果我们按照现实世界上的物体尺寸去构建图像，可能就很难形成鲜明的图像了。

　　夸张除了尺寸的夸张，还可以是形状的夸张、颜色的夸张、数量的夸张、动作的夸张、感觉的夸张等。我们可以迅速在脑海中产生洪水、闪电、狂风暴雨、天崩地裂的图像；我们可以让花骨朵马上盛开，让小孩子瞬间长大；我们可以让物品悬浮在空中，也可以让没有生命的物品像卡通人物一样有手有脚。

2. 颠倒法

任意颠倒现实中的事实和逻辑，鸡蛋可以砸碎石头，羽毛可以削断宝剑，鱼不一定要生活在水里，鸟儿可以在火中自由地飞翔。只要你敢想，一切都可以在你的脑海中真实地存在。

3. 感官法

我们在想象的时候，最好能把感觉加进去。比如声音的刺耳、水的冰凉、火的炙热、风的凛冽等，包括在构建图像中出现的各种花香、音乐、美食以及喜怒哀乐、恐惧、恶心、饥饿、寒冷等感受都可以加进图像中。这些感觉都能帮助我们加深印象。

4. 镜头法

在构建图像的时候，想象所构建的图像被投影到一个屏幕上，我们可以任意地拉近镜头对某些部位来个特写，也可以随意推远镜头来观看一个场景的全貌。我们可以上下左右平移镜头，来跟踪物品的动作变化以及之前、之后的衔接。这种方法对串联记忆多个元素时非常有效（镜头法的具体使用详见《超级记忆：打造自己的记忆宫殿》）。

总之，在我们的脑海中，没有什么是不可能的。不要去关注想象出来的事情有没有道理，能帮助我们记忆的想象就是最正确的想象。

有了这四种技法，我相信你再去拍电影的时候，一定能够拍出更加生动、精彩的电影片段，它们将为你的快速记忆之路插上一双坚实的翅膀。

第32天　阶段总结

学习内容总结：

自己收获和不足：

训练心得及下步计划：

第三章

记忆术的应用

第33天　古诗词的记忆

这里说的古文包括古诗、词和文章。

古诗合辙押韵，句子整齐有规律。词虽然不一定做到押韵，但大部分读起来也是朗朗上口，有非常明显的节奏感。最难的就是古汉语的文章了，很多文章不用说背下来，就是读起来都生涩拗口。

下面我们就从最简单的古诗来看看如何记忆。

我们来看李白的这首诗。

闻王昌龄左迁龙标遥有此寄

［唐］李白

杨花落尽子规啼，闻道龙标过五溪。

我寄愁心与明月，随君直到夜郎西。

选择这首诗是希望你读到这里的时候，对你来说这还是一首陌生的诗。如果这首诗你已经熟记在心了，并不影响你理解我要讲述的这种方法，只是你对记忆效果的体验度可能会稍差一些。看完了方法，你可以接着重新找一首自己没有看过的诗来试验下。

现在记好记忆古诗的方法。

第一步：把古诗原文认真读三遍，确保每个字的读音都准确无误。

第二步：根据注释或者网络（请教别人也可）理解诗的意思和意境。

第三步：找一幅能代表这首诗的图画或者照片。

第四步：从照片上找出四个有标志的点（桩），并按顺序记住这些点。

第五步：找出每句诗的关键字，然后按关键词转成一组图片或者一个场景。

第六步：把转好的图像按顺序挂接到刚才的桩上。

第七步：回忆图像，反推原文。

说明一下：这里所说的找到四个点作为桩子，是因为这首诗只有四句，如果诗是八句就需要找到八个点。如果诗是八句或者更多句，但是句子都很短，而且前后两句之间关系密切、读起来顺口的话，就可以把两句放到一个桩上。总之，在这个技术环节的处理上不要太死板就好。

第一步，先把原文读一遍，看看有没有不认识的字。

第二步可以快速地过一遍了，如果你的古文基础足够好或者理解能力强的话，这一步可以跳过去。

理解原文的意思：

在杨花落完、子规啼鸣的时候，听说你路过五溪。我把我忧愁的心思寄托给明月，希望能随着风一直陪着你到夜郎以西。

第三步了，我们就先找一张能和这首诗的意境沾点边的图。

（本书所用部分图片取材于网络搜索）

不要去纠结这张图和这首诗有什么关系，我们只是借用一下这张图，来帮助我们记忆诗的原文。等我们把原文记熟的时候，这张图会原封不动地还回去。

这就像是化学试验中的催化剂。整个化学反应过程中，催化剂在反应前后的质量和化学性质没有变，但是没有它不行。

第四步了，开始从图上找出四个可用的点。

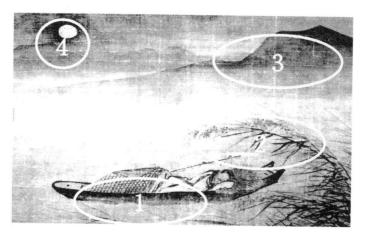

四个点分别是：

船——芦苇——远处的山——月亮

如果你觉得第二个点不是芦苇也无所谓，知道这么个形状就行，重点是留在脑海中的形象。

现在只有四个点，你觉得还有必要闭上眼睛按顺序回忆一遍吗？

好吧，既然你这么不自信，那就给你五秒钟赶紧回忆一遍。

按照刚才说的七步法，接下来就到了第五步，每句诗找几个关键字出来转换成图像。

杨花落尽子规啼

关键词：杨花（谐音成"扬花"）。

结合整句我们想象出这样一幅画面：李白站着用手扬洒花瓣（杨花），花瓣全部落下没有了。（落尽，这里强调一个落字，所以在构建这个图像的时候，脑海中要重点想象一下花瓣下落的样子。）李白旁边在观赏的一个孩子（子）非常不高兴地鬼哭狼嚎（鬼啼谐音为规啼）。

闻道龙标过五溪

关键词：龙标。

想象一种龙的形状的飞镖。结合整句的意思，可以想象这样的一幅画面：我闻到一股飞镖的气味，然后就看到一只漂亮的龙标从我鼻子下面嗖的一声飞过，一直飞到五条溪水之外的地方。

我寄愁心与明月

关键词：寄。

为什么这句只用一个字就能代表呢？想象一下：李白拿着一个大大的信封，正在把一颗很丑的心和很明的月亮塞进信封，准备寄给谁。那到底是要寄给谁呢？他爱寄给谁就寄给谁，这个跟我们就没什么关系了，我们只需要记住李白要把"愁心"和"明月"这两样东西寄走就OK了。

随君直到夜郎西

关键词：随君（谐音成"随军"）。

随军，就想象一个随军的军嫂，用手指了一下不远处，不远处是他们的小宝宝在尿床。

好了，到此为止，四句诗全部转图完毕。

第六步，把上面转化出来的图像和第四步我们从图上找到的四个点的图像按顺序挂接到一起吧。

1.船——李白站在船头，向湖中扬起花瓣并落下，水里有个孩子看到后在鬼哭狼嚎。

2.芦苇——芦苇上有个大大的鼻子，一支龙标从鼻子底下掠过，一直飞过五条溪水。

3.远处的山——山上压了一个大大的信封，一个很丑的心和明月正在使劲往里塞。

4.月亮——月亮上的军嫂正用手指着一个尿了炕的孩子。

好了，我们来一起回忆一下这四个场景吧。

船：扬花、孩子哭。

芦苇：鼻子、龙标、五溪。

远处的山：信封、心、明月。

月亮：军嫂、尿床的孩子。

闭上眼，在脑子里再快速地过一遍这四组图像。

如果能够准确而且清晰地回忆出这四组图像的话，那就试着根据这些图像把原文回忆出来吧。

船：扬花、孩子哭——杨花、落尽、子、规啼。

芦苇：鼻子、龙标、五溪——闻道、龙标、过五溪。

远处的山：信封、心、明月——我寄、愁心与明月。

月亮：军嫂、尿床的孩子——随君、直到、夜郎西。

如果你觉得自己还没有记住这七个步骤是什么，没有关系，你随时可以翻到那一页去复习一下这个过程。

现在，你能够清晰地或者说是勉强回忆起原文的内容了吗？

如果回忆不出来也没有关系，我还有最关键的一个绝招没有告诉你呢。

之所以到现在才把绝招亮出来，是因为如果你没有把前面的内容学会的话，你是根本不知道这个绝招是什么意思。没有前面的基础，你不仅学不会这个绝招，你会压根儿都不知道我在说什么。

这是一个能让你把记忆的内容快速地熟悉和强化的绝招。

有些人管这一步叫"速听"。

速听是什么？就是快速地听！所谓速听，就是借助软件和播放设备比如电脑、手机、平板等设备，对录好的或者下载来的声音进行快速地播放。

（有关速听的原理及相关更详细的内容说明，请参考《学霸都在用超级记忆术》。）

第34天 记忆《琵琶行》（上）

训练方法：

相对于《弟子规》来说，《琵琶行》的记忆要难一些。主要是由于每个句子都是7个字，为了便于记忆，我们可以采用每个地点桩放置两句即14个字来实现。

对于这样的长诗，建议至少分别从上下两句中找到四个记忆元素。如：

主人下马客在船，举酒欲饮无管弦。

我们可以把"人下马""船""举酒""管弦"四个元素转换成四个图像，挂接到我们选定的地点桩上。

人下马，上船，举酒，演奏管弦。

形成一个连续的图像场景，再借助声音记忆，就很容易记住了。

古诗词记忆训练：

琵琶行（上）

01 浔阳江头夜送客，枫叶荻花秋瑟瑟。

02 主人下马客在船，举酒欲饮无管弦。

03 醉不成欢惨将别，别时茫茫江浸月。

04 忽闻水上琵琶声，主人忘归客不发。

05 寻声暗问弹者谁？琵琶声停欲语迟。

06 移船相近邀相见，添酒回灯重开宴。

07 千呼万唤始出来，犹抱琵琶半遮面。

08 转轴拨弦三两声，未成曲调先有情。

09 弦弦掩抑声声思，似诉平生不得志。

10 低眉信手续续弹，说尽心中无限事。

11 轻拢慢捻抹复挑，初为霓裳后六幺。

12 大弦嘈嘈如急雨，小弦切切如私语。

13 嘈嘈切切错杂弹，大珠小珠落玉盘。

14 间关莺语花底滑，幽咽泉流冰下难。

15 冰泉冷涩弦凝绝，凝绝不通声暂歇。

16 别有幽愁暗恨生，此时无声胜有声。

17 银瓶乍破水浆迸，铁骑突出刀枪鸣。

18 曲终收拨当心画，四弦一声如裂帛。

19 东船西舫悄无言，唯见江心秋月白。

20 沉吟放拨插弦中，整顿衣裳起敛容。

所选用的地点桩简图：

可以是一组，也可以用多组，每组只记4句。

第35天　记忆《琵琶行》（下）

训练方法：

今天的记忆内容和昨天的内容性质完全一样，只是记忆的量比昨天增加了一些。在记忆这种类型的长篇的文章的时候，一定要掌握好一个节奏。什么节奏呢？就是复习的节奏。

我们不能一口气记完，因为这样做可能会导致前面记忆的内容会有很大范围的遗忘，也不能记一句复习一句，那样会非常浪费时间使得记忆效率很低。

一般情况下，我们建议每记忆15分钟左右（这也是符合艾宾浩斯遗忘曲线的规律的）就闭上眼睛回忆一下前面的内容，如果有遗忘时可以重新在大脑中强化图像的记忆。

复习时要快速过图并回忆原文，不宜占用太多时间。

古诗词记忆训练：

琵琶行（下）

21 自言本是京城女，家在虾蟆陵下住。
22 十三学得琵琶成，名属教坊第一部。
23 曲罢常教善才伏，妆成每被秋娘妒。
24 五陵年少争缠头，一曲红绡不知数。
25 钿头云篦击节碎，血色罗裙翻酒污。
26 今年欢笑复明年，秋月春风等闲度。
27 弟走从军阿姨死，暮去朝来颜色故。
28 门前冷落车马稀，老大嫁作商人妇。
29 商人重利轻别离，前月浮梁买茶去。
30 去来江口守空船，绕舱明月江水寒。
31 夜深忽梦少年事，梦啼妆泪红阑干。
32 我闻琵琶已叹息，又闻此语重唧唧。
33 同是天涯沦落人，相逢何必曾相识。
34 我从去年辞帝京，谪居卧病浔阳城。
35 浔阳地僻无音乐，终岁不闻丝竹声。
36 住近湓江地低湿，黄芦苦竹绕宅生。
37 其间旦暮闻何物？杜鹃啼血猿哀鸣。
38 春江花朝秋月夜，往往取酒还独倾。
39 岂无山歌与村笛？呕哑嘲哳难为听。
40 今夜闻君琵琶语，如听仙乐耳暂明。
41 莫辞更坐弹一曲，为君翻作琵琶行。
42 感我此言良久立，却坐促弦弦转急。
43 凄凄不似向前声，满座重闻皆掩泣。
44 座中泣下谁最多，江州司马青衫湿。

所选用的地点桩简图：

尝试把记忆内容转成的图画出来。

第36天 记忆《长恨歌》（上）

01 汉皇重色思倾国，御宇多年求不得。

02 杨家有女初长成，养在深闺人未识。

03 天生丽质难自弃，一朝选在君王侧。

04 回眸一笑百媚生，六宫粉黛无颜色。

05 春寒赐浴华清池，温泉水滑洗凝脂。

06 侍儿扶起娇无力，始是新承恩泽时。

07 云鬟花颜金步摇，芙蓉帐暖度春宵。

08 春宵苦短日高起，从此君王不早朝。

09 承欢侍宴无闲暇，春从春游夜专夜。

10 后宫佳丽三千人，三千宠爱在一身。

11 金屋妆成娇侍夜，玉楼宴罢醉和春。

12 姊妹弟兄皆列土，可怜光彩生门户。

13 遂令天下父母心，不重生男重生女。

14 骊宫高处入青云，仙乐风飘处处闻。

15 缓歌谩舞凝丝竹，尽日君王看不足。

16 渔阳鼙鼓动地来，惊破霓裳羽衣曲。

17 九重城阙烟尘生，千乘万骑西南行。

18 翠华摇摇行复止，西出都门百余里。

19 六军不发无奈何，宛转蛾眉马前死。

20 花钿委地无人收，翠翘金雀玉搔头。

21 君王掩面救不得，回看血泪相和流。

22 黄埃散漫风萧索，云栈萦纡登剑阁。

23 峨嵋山下少人行，旌旗无光日色薄。

24 蜀江水碧蜀山青，圣主朝朝暮暮情。

25 行宫见月伤心色，夜雨闻铃肠断声。

26 天旋地转回龙驭，到此踌躇不能去。

27 马嵬坡下泥土中，不见玉颜空死处。

28 君臣相顾尽沾衣，东望都门信马归。

29 归来池苑皆依旧，太液芙蓉未央柳。

30 芙蓉如面柳如眉，对此如何不泪垂。

第37天 记忆《长恨歌》（下）

31 春风桃李花开日，秋雨梧桐叶落时。
32 西宫南内多秋草，落叶满阶红不扫。
33 梨园弟子白发新，椒房阿监青娥老。
34 夕殿萤飞思悄然，孤灯挑尽未成眠。
35 迟迟钟鼓初长夜，耿耿星河欲曙天。
36 鸳鸯瓦冷霜华重，翡翠衾寒谁与共。
37 悠悠生死别经年，魂魄不曾来入梦。
38 临邛道士鸿都客，能以精诚致魂魄。
39 为感君王辗转思，遂教方士殷勤觅。
40 排空驭气奔如电，升天入地求之遍。
41 上穷碧落下黄泉，两处茫茫皆不见。
42 忽闻海上有仙山，山在虚无缥渺间。
43 楼阁玲珑五云起，其中绰约多仙子。
44 中有一人字太真，雪肤花貌参差是。
45 金阙西厢叩玉扃，转教小玉报双成。

46 闻道汉家天子使，九华帐里梦魂惊。
47 揽衣推枕起徘徊，珠箔银屏迤逦开。
48 云鬓半偏新睡觉，花冠不整下堂来。
49 风吹仙袂飘飘举，犹似霓裳羽衣舞。
50 玉容寂寞泪阑干，梨花一枝春带雨。
51 含情凝睇谢君王，一别音容两渺茫。
52 昭阳殿里恩爱绝，蓬莱宫中日月长。
53 回头下望人寰处，不见长安见尘雾。
54 惟将旧物表深情，钿合金钗寄将去。
55 钗留一股合一扇，钗擘黄金合分钿。
56 但教心似金钿坚，天上人间会相见。
57 临别殷勤重寄词，词中有誓两心知。
58 七月七日长生殿，夜半无人私语时。
59 在天愿作比翼鸟，在地愿为连理枝。
60 天长地久有时尽，此恨绵绵无绝期。

第38天 古诗文记忆练习

如果是再长一点文章怎么记忆呢？

比如《三字经》《道德经》或者像《岳阳楼记》《出师表》等这样的文章，通过一张图就能记下来吗？

那肯定不能。

对于《三字经》《道德经》《弟子规》《千字文》这样的国学经典，它们和其他的单篇古文，我们采取的策略还是有些区别的。长篇的国学经典，我们一般采用罗马房间法。一般的古文，单篇的这种，我们采用网络搜图法。

我们以《弟子规》为例来说明一下。

《弟子规》共有90段、360句、1080个字，而且整齐对仗，合辙押韵。

所以我们有两种方案：

一是找360个地址，每个地址只记一句（也就是4个字）。

二是找90个地址，每个地址记一段（也就是四句，16个字）。

我感觉还是第二种方案更好一些，因为找360个地址本身就是一件让人很痛苦的事。那找90个地址就不痛苦吗？其实是一样痛苦的，但是90个地址找起来相对容易得多。

我们先来看看《弟子规》的这90句是如何划分的。

总叙：2段　孝：14段　悌：11段　谨：17段

信：15段　泛爱众：15段　亲仁：4段　余力学文：12段

我们这里也有两方案来处理这90个地址。

一种是直接从网络上找 8 张图片，分别来对应总则和7个章节，然后按照每个章节内容的多少从相应的图片上找到同等数量的桩子。

　　另一种方法是直接利用我们储备好的标准房间地址库按顺序一路记下去，这样 9 个房间正好90个地址。

　　我个人更倾向于利用第一种方法，因为这种方法不需要提前储备房间图。但是这种方法需要花更多的时间到网络上去搜索主题相关的图片，再从每个图片上找到对应数量的地址，这本身就需要记忆大量的地址和顺序。

　　而第二种方法就省时省力了，因为标准房间地址库是在我们的脑海里已经存储好的（当然储备这些房间库也需要很长的一段时间），所以在实战过程中，我们不再需要准备地址库，而是直接把我们转换好的图像直接挂接到地址上就可以了。

　　我们分别来看一下这两种方案的用法。

　　先来看第一种方法，就是现用现找的方法。

　　我们从网络上找到一张和《弟子规》有联系的图片。

　　我们先用这张图片来记下《弟子规》的每个章节，也就是总纲这一小节。

　　按照图片上的顺序和点记下《弟子规》的总纲。

　　1.书卷：弟子规（一本书卷就是弟子规）。

　　2.发簪：圣人训（想象只有圣人才配得上这么时髦的发型）。

3.眉毛：首孝（眉开颜笑的xiao）。

4.胡子：悌（剔须刀的 ti ）。

5.袖子：次谨（金色的袖子太松了所以需要jin）。

6.裙摆：信（一封信掉到了裙摆上）。

7.脚下：泛爱众（一抬脚踢翻一碗饭）。

8.猫咪：而亲仁（猫咪想钻到人的怀里）。

9.孩子：有余力，则学文（小孩子在拿着书学文化知识）。

我们这样记看起来非常的麻烦，把简单的几句话折腾得这么啰唆，其实我们的目的不仅仅是把这 8 句话记住，同时还要把《弟子规》7个章节的标题也记下来。

如果把上图改成一张思维导图，就会清晰得多。

（除第一个分支外，其他分支只标记了包含的小段数。）

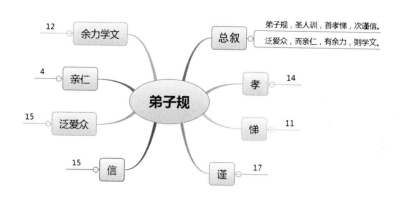

看着思维导图，我们来回忆一下刚才折腾出来的那幅画和《弟子规》的总纲吧。如果觉得记得不是很清楚，那就再认真读三遍吧。

弟子规，圣人训。

首孝悌，次谨信。

泛爱众，而亲仁。

有余力，则学文。

按照我们之前讲过的方法，一边回忆图像，一边快速地把上文读上N遍。（N ≥ 3）

后面的正文部分，是不是也用这种方法呢？

是的，但是有一些区别。

总纲除了要记住原文，我们还要记住《弟子规》的结构。所以我在划分地址的时候用了9个地址，前2个用来记"弟子规，圣人训"这一句，后面的7个地址分别对应《弟子规》的7个部分。

后面的记忆就要比这个简单得多，否则我们真的可能要花太多的时间在准备地址上了。

我们以《悌》这一章节为例来说明一下。

悌

1　兄道友，弟道恭，兄弟睦，孝在中。

2　财物轻，怨何生，言语忍，忿自泯。

3　或饮食，或坐走，长者先，幼者后。

4　长呼人，即代叫，人不在，己即到。

5　称尊长，勿呼名，对尊长，勿见能。

6　路遇长，疾趋揖，长无言，退恭立。

7　骑下马，乘下车，过犹待，百步余。

8　长者立，幼勿坐，长者坐，命乃坐。

9　尊长前，声要低，低不闻，却非宜。

10　进必趋，退必迟，问起对，视勿移。

11　事诸父，如事父，事诸兄，如事兄。

按照我们的方法，先读上三遍。找一张你自己认为能代表这一章节的图片（或者照片）出来，并从上面找出11个地址。

门——男孩——椅子——男人——蒲扇——茶杯——娃娃——女人——地板——果盘——孩子

这里再次强调一遍，我们在记忆这些点的时候，一定要把注意力放到图像上，而不是声音上。

什么意思？

比如"果盘"这个地址，我们要把注意力放到"这个地方是一张桌子，桌子上有一个盘子，上面放了好几个洗好的梨"这样的一组图像上，而不是"果盘、果盘、果盘、果盘"这两个带声音的文字上。

为了描述我把每个地点都用两个汉字表达出来了，但这样做却怕误导了你，让你每次都把注意力放到了我写出来的这两个字上。其实在实际应用的时候，完全不用给这些点取名字，只要你大脑中知道每一点所代表的位置和形象就可以了。

后面的步骤我就不按前面标准的七步一点点地给你解释了，只是提一下，我们按每小节挂一个地址的方案进行。

比如，"兄道友，弟道恭，兄弟睦，孝在中"这一小段转成图后放到第一个点"门"上。（严格地讲这个地点不能叫门，就是那块叫墙不是墙叫门框不是门框的区域。）

在原文转换图像的时候，我们可以直接按原文的意境来出图，也可以按照谐音的方法来出图。

如果你怕这样记不住，可以用谐音法出图，把其中的一句（一般用第一句）"兄道友"或者几句转换成图像。比如我们把"兄道友"谐音成"熊倒油"，然后就想象在门口有只熊拿着个瓶子在倒油。

如果后面的也记不住，那就对后面的几句也加上辅助的图像。

兄道友：一只熊在倒油。

弟道恭：弟弟倒拿着一张弓。

兄弟睦：兄弟两人中间有一块大木头。

孝在中：木头中间有一个大大笑脸。

把这一堆乱七八糟又相互联系的图像放到那个似门非门的地点上。

这样保证你就能回忆出原文的每一个字了。

但说实话，我是不赞同用这种方法来记忆的，因为它需要构建太多的图像，导致图像太复杂，而且谐音拆解和转换的过程太烦琐，用的精力太多了，这势必会导致我们的记忆效率降低很多。

而且很多人用了这种方法后，很可能就会在脑子里蹦出这样一个问题：说好的快速记忆呢？"快"到哪儿去了？

所以我个人还是比较喜欢用意境出图的方法，就是直接按照原文的意思转换出一个图像。比如我们把这一小节的图像想象成"兄弟二人见面后相互作揖然后扬手拥抱"，就用这样的一幅场景来代表。

后期我们回忆的时候，我们很可能无法完整地回忆出原文的内容，这时候我们就利用前面提到的"速听速读"的方法来协助我们。

这和死记硬背有什么区别呢？

死记硬背在回忆的时候，忘了就是忘了，不是你努力回忆就能想得起来的，但是往往会出现这种情况：如果有人能够提醒你四句中的任何一句，你就能马上回忆出整个四句的内容。

而我说的这种方法，在忘了的时候，图像还是在的，我们就可以根据脑海中的图像，回忆出原文的任何一句，也就可以回忆出整个四句了。

后面10个小节的内容在这里就不和大家一起去背诵了，正好给你们一个机会，自己试着去把后面的10个小节记下来吧。

说到这里，就该考考大家了。

前边我们说过大脑记忆常用的三大模式"声音、逻辑、图像"，那么在实际应用的时候，到底哪种模式的效率最高呢？

你是不是想说，记忆效率最高的是图像记忆啊？

因为我们这本书从头到尾讲的就是图像记忆啊。

确实如此，我们这本书从头到尾，从入门理论到训练到实战确实讲的都是图像记忆。那不仅仅是因为图像记忆很重要，效率很高，还有两个原因：一是因为图像记忆对于大部分新手来说是个完全陌生的领域，所以需要从零开始重新学习；二是因为声音记忆和逻辑记忆这两项内容不需要我们花太多的时间和篇幅来讲解说明，因为我们从小的日常学习和生活中就在不间断地使用这两种记忆方法。

练了一圈，我们回过头来说刚才的这个问题。

最好的记忆模式是：

> **声音+逻辑+图像**
> 即三种模式同时使用

我们在记忆的时候，对于有文字、有意义的内容，肯定不能靠单独的图像记忆来搞定。当声音记忆和逻辑记忆参与进来进行辅助的时候，就如虎添翼。声音记忆奠定最底层的根基；逻辑记忆帮助我们快速地理清之间的关系，并且对生成图像也有很大的帮助；最后靠图像记忆把庞大的信息资料之间的逻辑顺序和发音连接在一起。

接着说《弟子规》的事。

我们刚才所讲的记忆《弟子规》的《悌》这一章节的内容，是利用一张图像上找到相应的点来完成的，也就是说这一章节有多少小节，我们就找多少个地址。所以我们只需要 8 张图（第一张记总纲）就可以记下《弟子规》的全文了。

这样做不太完美的地方就是，有些章节只有4个小节，而有些章节达到了17个小节。这样有些图片上的地点就显得特别拥挤，有的就显得特别冷清。

如果你能习惯上面这种方法，而且没觉得这是个事儿，那就继续用这种方法记下去，因为这是最适合用于考试和应用的寻址（就是找图片、找地址）方法。

如果你有完美型情结，或者有强迫症，喜欢整齐划一的感觉，那就使用下面这种方法来寻址。

弟子规一共90个小节，前面我们已经说过。所以我们就找到 9 张图片，每个图像上找到10个地址，就轻松加愉快地解决这个问题了。

这种方法在找图片的时候，不再需要图片的主题和《弟子规》有什么联系，直接使用我们储备的房间地址图就行，或者从网络上查找房间图或者景点的图片。

也可以找一条你平时经常走的路，比如从家到学校的路，从办公室到家的路。

还可以找一个你经常去的地方，然后按照一个固定的顺序去找。比如从学校的大门开始，沿着一个固定的方向和路线环游学校一圈，找出90个点。

经过我个人的测试，实景是记忆效果最好的。实景就是你生活中实际存在的场景，因为这些场景你最熟悉，而且看得见、摸得着，而且在实景中找到的地点还有一个很重要的特点是位置固定、大小统一。

我们用图片找地点的时候，经常会把图片上的人、动物、车，甚至天空中的云彩作为地点来使用，因为我们的意识中这些东西已经被固定到图片上了，它们的位置不可能再发生改变。而在现实的场景中就不可以，因为这些东西随时可能会发生变化，所以我们找到的地点都是真正固定不变的。

如果你觉得在一个地方找不出90个地点。你可以分为几部分。比如在校园里按顺序找出30个，然后到自己家住的小区再找出30个，然后再到旁边的商业中心找出30个。经过我的测试，在实际应用的时候不太影响记忆的速度和效果。

但是不要分的点太多了，如果分成9个区域，每个区域10个点，就有点乱了，而且每个区域的个数应尽量相等。

准备好了90个地点后，剩下的工作和前面讲到的第一种方法就完全一样了。

这种方法的好处是除了可以完整地记《弟子规》的全文，还可以用于表演。关于《弟子规》人前表演的技巧，请参考《学霸都在用的超级记忆术》一书。

第39天　记忆《弟子规》

训练方法：

《弟子规》《三字经》《千字文》等国学经典的记忆是古汉语中相对比较容易记忆的部分。因为这些内容句子短，而且对仗，读起来朗朗上口。

为了更加快速、高效地记忆这些内容，我们仍然按照古汉语的记忆法则来进行，区别是可以省略其中的"分节"部分。

一般情况下，我们按照四个短句一个地点桩的方案进行记忆，如下面的内容我就用一个地点桩来记忆。

骑下马，乘下车，过犹待，百步余。

我们可以按照原文的意思直接转图，也可以借助谐音来转图。转图时不一定非要表达完整的意思，可以仅表达原文的重点意思或者前面一句或者两句的意思，后面的内容通过声音记忆协助完成。

训练要求：

1.请在训练前准备好90个地点桩。

2.利用3~5天的时间记忆《弟子规》全文，也可以挑战一天完成。

检验标准：

1.能够原文背诵《弟子规》全文。

2.能够按地点桩的顺序倒背或者抽背《弟子规》。

训练心得及训练感受记录：

_____

_____

_____

《弟子规》全文

总叙

弟子规　圣人训　首孝弟　次谨信
泛爱众　而亲仁　有余力　则学文

孝

父母呼　应勿缓　父母命　行勿懒
父母教　须敬听　父母责　须顺承
冬则温　夏则凊　晨则省　昏则定
出必告　反必面　居有常　业无变
事虽小　勿擅为　苟擅为　子道亏
物虽小　勿私藏　苟私藏　亲心伤
亲所好　力为具　亲所恶　谨为去
身有伤　贻亲忧　德有伤　贻亲羞
亲爱我　孝何难　亲憎我　孝方贤
亲有过　谏使更　怡吾色　柔吾声
谏不入　悦复谏　号泣随　挞无怨
亲有疾　药先尝　昼夜侍　不离床
丧三年　常悲咽　居处变　酒肉绝
丧尽礼　祭尽诚　事死者　如事生

悌

兄道友　弟道恭　兄弟睦　孝在中
财物轻　怨何生　言语忍　忿自泯
或饮食　或坐走　长者先　幼者后
长呼人　即代叫　人不在　己即到
称尊长　勿呼名　对尊长　勿见能
路遇长　疾趋揖　长无言　退恭立
骑下马　乘下车　过犹待　百步余
长者立　幼勿坐　长者坐　命乃坐
尊长前　声要低　低不闻　却非宜
进必趋　退必迟　问起对　视勿移
事诸父　如事父　事诸兄　如事兄

谨

朝起早　夜眠迟　老易至　惜此时
晨必盥　兼漱口　便溺回　辄净手
冠必正　纽必结　袜与履　俱紧切
置冠服　有定位　勿乱顿　致污秽
衣贵洁　不贵华　上循分　下称家
对饮食　勿拣择　食适可　勿过则
年方少　勿饮酒　饮酒醉　最为丑
步从容　立端正　揖深圆　拜恭敬
勿践阈　勿跛倚　勿箕踞　勿摇髀
缓揭帘　勿有声　宽转弯　勿触棱
执虚器　如执盈　入虚室　如有人
事勿忙　忙多错　勿畏难　勿轻略
斗闹场　绝勿近　邪僻事　绝勿问
将入门　问孰存　将上堂　声必扬
人问谁　对以名　吾与我　不分明
用人物　须明求　倘不问　即为偷
借人物　及时还　后有急　借不难

信

凡出言　信为先　诈与妄　奚可焉
话说多　不如少　惟其是　勿佞巧
奸巧语　秽污词　市井气　切戒之
见未真　勿轻言　知未的　勿轻传
事非宜　勿轻诺　苟轻诺　进退错
凡道字　重且舒　勿急疾　勿模糊
彼说长　此说短　不关己　莫闲管
见人善　即思齐　纵去远　以渐跻
见人恶　即内省　有则改　无加警
唯德学　唯才艺　不如人　当自砺
若衣服　若饮食　不如人　勿生戚
闻过怒　闻誉乐　损友来　益友却
闻誉恐　闻过欣　直谅士　渐相亲
无心非　名为错　有心非　名为恶
过能改　归于无　倘掩饰　增一辜

泛爱众

凡是人　皆须爱　天同覆　地同载
行高者　名自高　人所重　非貌高
才大者　望自大　人所服　非言大
己有能　勿自私　人所能　勿轻訾
人有短　切莫揭　人有私　切莫说
道人善　即是善　人知之　愈思勉
扬人恶　即是恶　疾之甚　祸且作
善相劝　德皆建　过不规　道两亏
凡取与　贵分晓　与宜多　取宜少
将加人　先问己　己不欲　即速已
恩欲报　怨欲忘　报怨短　报恩长
待婢仆　身贵端　虽贵端　慈而宽
势服人　心不然　理服人　方无言

亲仁

同是人　类不齐　流俗众　仁者希
果仁者　人多畏　言不讳　色不媚
能亲仁　无限好　德日进　过日少
不亲仁　无限害　小人进　百事坏

余力学文

不力行　但学文　长浮华　成何人
但力行　不学文　任己见　昧理真
读书法　有三到　心眼口　信皆要
方读此　勿慕彼　此未终　彼勿起
宽为限　紧用功　工夫到　滞塞通
心有疑　随札记　就人问　求确义
房室清　墙壁净　几案洁　笔砚正
墨磨偏　心不端　字不敬　心先病
列典籍　有定处　读看毕　还原处
虽有急　卷束齐　有缺坏　就补之
非圣书　屏勿视　蔽聪明　坏心志
勿自暴　勿自弃　圣与贤　可驯致

（在《学霸都在用的超级记忆术》中有《弟子规》记忆的详细讲解，在作者微信公众号中有地点桩供参考。）

第40天　古汉语的记忆

这和上一部分有什么区别？

区别就在于我们这一部分主要是针对不对仗、不押韵更加生涩难懂的古文记忆，它不再像《三字经》《弟子规》那样朗朗上口，也不像唐诗三百首那样韵律十足。

赤壁赋

苏轼

壬戌之秋，七月既望，苏子与客泛舟，游于赤壁之下。清风徐来，水波不兴。举酒属客，诵明月之诗，歌窈窕之章。少焉，月出于东山之上，徘徊于斗牛之间。白露横江，水光接天。纵一苇之所如，凌万顷之茫然。浩浩乎如凭虚御风，而不知其所止；飘飘乎如遗世独立，羽化而登仙。

于是饮酒乐甚，扣舷而歌之。歌曰："桂棹兮兰桨，击空明兮溯流光。渺渺兮予怀，望美人兮天一方。"客有吹洞箫者，倚歌而和之。其声呜呜然，如怨如慕，如泣如诉，余音袅袅，不绝如缕。舞幽壑之潜蛟，泣孤舟之嫠妇。

苏子愀然，正襟危坐而问客曰："何为其然也？"客曰："'月明星稀，乌鹊南飞'，此非曹孟德之诗乎？西望夏口，东望武昌，山川相缪，郁乎苍苍，此非孟德之困于周郎者乎？方其破荆州，下江陵，顺流而东也，舳舻千里，旌旗蔽空，酾酒临江，横槊赋诗，固一世之雄也，而今安在哉？况吾与子渔樵于江渚之上，侣鱼虾而友麋鹿，驾一叶之扁舟，举匏樽以相属。寄蜉蝣于天地，渺沧海之一粟。哀吾生之须臾，羡长江之无穷。挟飞仙以遨游，抱明月而长终。知不可乎骤得，托遗响于悲风。"

苏子曰："客亦知夫水与月乎？逝者如斯，而未尝往也；盈虚者如彼，而卒莫消长也。盖将自其变者而观之，则天地曾不能以一瞬；自其不变者而观之，则物与我皆无尽也。而又何羡乎！且夫天地之间，物各有主，苟非吾之所有，虽一毫而莫取。惟江上之清风，与山间之明月，耳得之而为声，目遇之而成色，取之无禁，用之不竭，是造物者之无尽藏也，而吾与子之所共适。"

对于这种类型的古汉语的记忆，与古诗词的记忆步骤非常相似，仍然可以按照之前的七个步骤进行。

第一步：认真读三遍，读准。

希望大家能够自觉地认真地读三遍原文，里面的生僻字不能确认的就去查一下字典或者相关资料。

比如这篇文章开篇，有一个"戌"字。此字应读作"xū"。这个字很容易与几个相似的字混淆。

戊：读作"wù"。

联想记忆：没有点，也没有横，什么也没有，所以读作"无（wù）"。

戍：读作"shù"。

联想记忆：点数，小数点。点就是小数点，所以读作"数"。

戌：读作"xū"。

联想记忆：横须，就是胡子横着长，好奇怪，所以读作"须"。

戎：读作"róng"。

联想记忆：十字绒，横与撇交叉成十字，像绒布花纹，所以十字读作"绒"。

助记词：点数横须十字绒，啥也没有读作无（wù）。

还有类似的：巳（sì）、己（jǐ）、已（yǐ）。

助记词：堵四不堵几，半堵不堵念作乙。

第二步：理解原文的意思。

（本书仅仅为了说明方法，不是为了古文，因此只将文章第一段翻译成白话文。）

壬戌年秋天，七月十六日，我与友人在赤壁下泛舟游玩。清风阵阵拂来，水面波澜不起。举起酒杯向同伴敬酒，吟咏（赞美）明月的诗句和《诗经·陈风·月出》一诗的"窈窕"一章。不一会儿，明月从东山后升起，在斗宿与牛宿之间来回移动。白茫茫的雾气横贯江面，波光与星空连成一片。我们听任苇叶般的小船在茫茫万顷的江面上自由漂动。浩浩然的样子，像是凌空乘风飞去，不知将停留在何处；飘飘然的样子，好像变成了神仙，飞离尘世，登上仙境。

第三步：找到一张能和此文意境沾边的图片。

（因本文内容偏长，可能一张图片中很难找到足够多的点来满足桩子的需要，因此我们可以找几张内容差不多的图片，每张图片只用于记忆文章的其中一段。）

第四步：从图上找到所需要的点作为桩子。

这一步和古诗词的记忆还是有些区别的，因为古诗词是非常有规律的，一眼就能知道需要几个桩子来记忆。对于古文来说，就需要额外加一个环节，就是对原文进行分节处理。

仍以第一段为例：

1 壬戌之秋，七月既望，
2 苏子与客泛舟，游于赤壁之下。
3 清风徐来，水波不兴。
4 举酒属客，诵明月之诗，歌窈窕之章。
5 少焉，月出于东山之上，徘徊于斗牛之间。

> 6　白露横江，水光接天。
> 7　纵一苇之所如，凌万顷之茫然。
> 8　浩浩乎如凭虚御风，而不知其所止；
> 9　飘飘乎如遗世独立，羽化而登仙。

我们基本上按照长句分开、短句单独的原则，将这一段内容分为9个小节，就需要从刚才的图片上找到9个可用的点作为桩子。

自左向右，这9个点分别是：

木宣传栏——绿色植被——门——房顶——平顶——小树——荷叶——香炉——护栏

第五步：找出关键字并转换成图像。

第六步：将图像依次挂接到上图中找到的地点桩上。

（熟悉以后，第五步和第六步可以合并为一步完成。）

1 壬戌之秋，七月既望

关键字：壬戌、既望（找关键字没有那么多的原则，能帮你记住就是唯一的原则。）

转图：想象木宣传栏上有很多的窗口，每个窗口都标记着某年某月。某人砸烂其中一个窗口（选定一个窗口就是选择了一个日期"壬戌之秋，七月"），然后用望远镜看向远方。

在转图的过程中，我一直建议按照原文的意思所带出来的意境提取加修改来构建图像。这种方法不需要过多的谐音处理，而且还能尽可能贴近原文的意思。

缺点是在回忆的时候容易丢失词语。这个也不用担心，如果是很长的很生涩的句子，还可以增加几个很小的辅助图像。如果是像这一句这样的短句，直接通过声音记忆的辅助作用来完成，效果会更好。

所以接下来的工作就是：闭上眼睛，想象一下刚才构建的那个图像。

图像包括三部分：一是图像出现的地点，也就是地址桩。二是图像的内容，也就是原文。三是原文所产生的图像与地点桩发生的关系。

这三点缺一不可，只有三者都能在脑海中呈现了，图像才能稳固。

还有更重要的一点，就是在脑海中回忆这些图像的时候，我们要小声地快速地阅读原文。这一点非常重要，很多人在学习了图像记忆之后，就觉得可以完全抛弃原来的死记硬背了，记忆的时候都变成了完全的默读，其实这样做并不是最好的记忆模式。

前面我们曾经说过，最好的记忆模式就是"声音、逻辑、图像"三种模式同时调动。我们理解原文的意思就是调动了逻辑记忆，找关键字其实也是逻辑记忆的一部分。把关键字转化成图像并挂接到地点桩上属于图像记忆。所以整个过程中，唯一缺少的就是声音记忆了。

这时候我们一定要调动自己的声音记忆系统，这是非常重要的。当然在读的时候我们不需要读的声音很大，甚至可以小到坐在你身边的人也听不到你在说什么。但是必须让你的发音器官即声带参与记忆的过程，因为不管你声音多小、速度多快，只要你的内耳完全可以接受这个信息，这就够了。

这是很多人学会记忆法容易走入的一个误区，也有很多的培训机构在宣传时误导大家说以后我们再也不用死记硬背了，其实并不是这样，图像记忆是用来帮助你记得更快、忘得更慢，而不是让你完全抛弃死记硬背。对于有些东西来说，死记硬背可能来得更快。

有人问：那还费这半天劲学什么记忆法？

我刚说了，记忆法是让你记得更快、忘得更慢，这才是关键。以前你死记硬背可能需要三个小时，现在一个小时就能记完，这就是效果。以前你记完了，第二天起来啥都忘了，现在还能回忆出百分之八九十的内容，这就是效果。最关键的是，死记硬背一旦忘了，经常是一长段一个字也想不起来。记忆法记住后则不同，它总会在脑海中留下一些模糊不清或者支离破碎的图像。根据这些图像，我们往往可以慢慢地组合出文章的原文，这才是记忆法最大的帮助。

闭上眼睛，想象那块木质的宣传栏上有好多的窗口，每个窗口上有一个日期，某人过去砸烂其中一个窗口，这个窗口上的日期就是"壬戌之秋，七月"，然后拿望远镜向远处望去。同时（注意，在想象刚才的这些图像的同时）小声地快速地读"壬戌之秋，七月既望，壬戌之秋，七月既望，壬戌之秋，七月既望，壬戌之秋，七月既望，壬戌之秋，七月既望……"差不多了。一般情况下读三至五遍足矣。

后面的内容我就不这么详细地给大家解释了，接下来我只写出构建好的图像，大家按照上面的方法，特别是"同时"这个过程，去认真体验一下。

一定要认真去体验，否则……

2 苏子与客泛舟,游于赤壁之下。

两个人（苏子与客）在绿色植被之上划着小船，小船旁边就是陡峭的赤壁。

注：加下划线的部分为地点桩，下同。

3 清风徐来，水波不兴。

门口吹来徐徐清风，门外悬空的一片水轻轻地泛了一下波纹。

这里稍作解释一下，一是我们构建出来的图像有些怪异，可能大家觉得不适，还是之前讲过的一个原则"有效果比有道理更重要"。我们可以不用花任何成本，就在大脑中构建出任何效果的科幻大片，就像这门口外悬浮在空中的一片水。这是其一。

其二是在构建图像的过程中，尽量让图像中的元素动起来，尽量让图像与图像之间发生作用。什么叫发生作用，相互破坏、缠绕、碰撞、变形、包裹等等都可以。只有发生了关系，图像才会更加牢固。

就像我这门外悬浮的一片水，按原文的意思是没有激起任何的波纹，但是那样的一片水在脑海中留下的印象就像是一块透明的玻璃，似有似无，所以我们还不如变通一下，让它产生一些图像清晰但不是很大的波纹，就记忆深刻了。

至于原文，我想通过声音记忆的辅助，你怎么也不可能把"水波不兴"记成"水波很兴"。如果你真是那样死脑筋的话，也有办法，你就让那个水波纹凝固了，变成像雕塑一样。这样清风徐来的时候，可以吹得整个水波纹的雕塑摇摆，也没有能力让波纹荡漾了。

也就是说，在实际记忆的过程中，我们要掌握一个度。

不要拿太多的精力来构建过于复杂的图像，以能够辅助你记住大体意思为主，其他的部分借助声音记忆来完成就可以，否则就适得其反了。

4 举酒属客，诵明月之诗，歌窈窕之章。

我（或者是你脑海中的那个苏子，反正有个人的轮廓就行）在房顶上把客人扔进酒里煮（属）了，然后对着月亮读诗，看着美女唱歌。

5 少［shǎo］焉，月出于东山之上，徘徊于斗［dǒu］牛之间。

远处的平顶上冒出一点点烟（少焉），烟散尽后看到月亮从山边出来，在一群斗牛之间来回晃动。

6 白露横江，水光接天。

小树上横着一条江，江上云雾缭绕，发出来的光穿过树冠一直射到天上。

7 纵一苇之所如，凌万顷之茫然。

荷叶上长了两根长长的树枝（两个之），一个上面长着苇草，一个上面挂满了冰凌。

8 浩浩乎如凭虚御风，而不知其所止；

浩浩荡荡的人来到香炉前，被香炉里的风吹向空中，不知道停在哪里。

9 飘飘乎如遗世独立，羽化而登仙。

一具尸体（遗世）从护栏上飘起来，并慢慢直立起来，伴随一股清烟，就羽化登仙了。

接下来先闭上眼睛把构建的图像回忆一遍。如果图像依然清晰，就尝试着回忆原文。如果图像不清晰，就返回前面的内容把图像再巩固一下。

第一遍回忆原文的时候，经常是什么也记不住，连30%的内容也记不下来，没有关系。只要图像清晰了，就可以运用我刚说的"同时"法则了，这时候一边按地点桩的顺序一个个地过图像，一边小声地快速地读出原文的内容。

像这么长的文字，估计最多两分钟就可以做到一字不错了。如果你两分钟做不到也没有关系，刚开始训练的时候可能会稍慢，那是因为你还没有熟悉这种方法。等熟悉之后，就轻车熟路了。

即使我们用这种方法记忆所用的时间和之前纯死记硬背所用的时间差不多，仍然推荐大家用这种方法。这种方法在复习的时候，可以做到秒读。只要看着原文在大脑中过一遍图像"同时"读一遍原文，就可以完成复习了。而死记硬背则不同，往往需要很长的时间，甚至有可能是重新记忆的过程。

后面还有几段，大家试着自己去搞定吧。

刚开始你可能不知道怎么找关键字，怎么转图。没关系，哪怕现在你用之前两倍甚至更多倍的时间去完成，也是一种收获。

图像记忆法的训练本身就是一个先慢后快的过程，如果不去用，就永远慢下去直到消失不存在。

坚持去用，就会越来越快。

第41天 古汉语训练（一）

训练内容：

完成以下三段古文的分节、找关键字、转图。

弈秋，通国之善弈者也。使弈秋诲二人弈，其一人专心致志，惟弈秋之为听；一人虽听之，一心以为有鸿鹄将至，思援弓缴而射之。虽与之俱学，弗若之矣。为是其智弗若与？曰：非然也。

伯牙善鼓琴，钟子期善听。伯牙鼓琴，志在高山，钟子期曰："善哉，峨峨兮若泰山！"志在流水，钟子期曰："善哉，洋洋兮若江河！"伯牙所念，钟子期必得之。子期死，伯牙谓世再无知音，乃破琴绝弦，终身不复鼓。

西蜀之去南海，不知几千里也，僧富者不能至而贫者至焉。人之立志，顾不如蜀鄙之僧哉？是故聪与敏，可恃而不可恃也；自恃其聪与敏而不学者，自败者也。昏与庸，可限而不可限也；不自限其昏与庸，而力学不倦者，自力者也。

第42天　古汉语训练（二）

训练内容：

完成以下三段古文的定桩及记忆。

弈秋，通国之善弈者也。使弈秋诲二人弈，其一人专心致志，惟弈秋之为听；一人虽听之，一心以为有鸿鹄将至，思援弓缴而射之。虽与之俱学，弗若之矣。为是其智弗若与？曰：非然也。

伯牙善鼓琴，钟子期善听。伯牙鼓琴，志在高山，钟子期曰："善哉，峨峨兮若泰山！"志在流水，钟子期曰："善哉，洋洋兮若江河！"伯牙所念，钟子期必得之。子期死，伯牙谓世再无知音，乃破琴绝弦，终身不复鼓。

西蜀之去南海，不知几千里也，僧富者不能至而贫者至焉。人之立志，顾不如蜀鄙之僧哉？是故聪与敏，可恃而不可恃也；自恃其聪与敏而不学者，自败者也。昏与庸，可限而不可限也；不自限其昏与庸，而力学不倦者，自力者也。

第43天　记忆《道德经》（一）

训练内容：

完成以下几章《道德经》的记忆。因《道德经》有不同版本，以下内容仅供参考练习使用。

第一章　道，可道，非常道。名，可名，非常名。无名天地之始，有名万物之母。故，常无欲以观其妙，常有欲以观其徼。此两者同出而亦名，同谓之玄。玄之又玄，众妙之门。

第二章　天下皆知美之为美，斯恶矣。皆知善之为善，斯不善已。故，有无相生，难易相成，长短相倾，高下相盈，音声相和，前后相随。是以圣人处无为之事，行不言之教。万物作焉而不为始，生而不有，为而不持，功成而弗居。夫唯弗居，是以不去。

第三章　不尚贤，使民不争。不贵难得之货，使民不为盗。不见可欲，使民心不可乱。是以圣人之治，虚其心，实其腹，弱其志，强其骨，常使民无知无欲，使夫智者不敢为也，为无为则无不治。

第44天 记忆《道德经》（二）

训练内容：

完成以下几章《道德经》的记忆。因《道德经》有不同版本，以下内容仅供参考练习使用。

第四章 道冲，而用之域不盈。渊兮，似万物之宗。湛兮，似或存。吾不知谁之子，象帝之先。

第五章 天地不仁，以万物为刍狗。圣人不仁，以百姓为刍狗。天地之间，其犹橐龠乎？虚而不屈，动而愈出，多言致穷，不如守中。

第六章 谷神不死，是谓玄牝。玄牝之门，是谓天地根。绵绵若存，用之不勤。

第七章 天地长久，天地所以能长且久，以其不自生，故能长生。是以圣人后其身而身先，外其身而身存。以其无私，故能成其私。

第八章 上善若水，水利万物而不争，处众人之所恶，故几于道。居善地，心善渊，与善仁，言善信，政善治，事善能，动善时。夫唯不争，故无尤。

第九章 持而盈之，不如其已。揣而锐之，不可长保。金玉满堂，莫之能守。富贵而骄，自遗其咎。功遂身退，天之道。

第45天　英文单词的记忆

背单词，是一件让很多人非常头疼的事情。因为传统的背单词的方法，确实是有些笨。

不论是前些年流行的大声朗读式背单词，还是所谓的"五到"式背单词，也或者是什么逆向英文学习法，都很难解决一个问题，那就是必须机械地枯燥地去重复"背"这个过程。更让人恼火的是"记了又忘，忘了再记"。

除了那种天资聪颖、生来就喜欢学习英语的同学，大部分人背单词都是需要自己一个个去击破。

那些天资聪颖的同学也是一个个去击破的，区别是：对于大部分同学来说，背单词是一件痛苦的事，赶紧记完赶紧拉倒，但是对那些生来就对英语上瘾的同学来说，背单词是快乐的、享受的，所以人家的词汇量才会越来越大。

我们不讨论那些人，只讨论我们自己的事。

背单词有两种模式：一种叫日积月累，一种叫快速突破！

什么是日积月累？

从小有英语老师和长辈告诉我们："如果你能坚持一天记10个单词，一年就能记3650个，就算一天只记1个单词，10年下来也能记完3650个。"

关键是后面那句话："我相信不论你多笨，一天记1个单词总没问题吧。所以，最关键的是要坚持！"

小时候我听到这话的时候，也信了老师和长辈们的话，同时还对老师这种坚持不懈的精神产生了由衷的钦佩，多多少少还有一些看不起自己。

后来我终于明白，这一句除了给你打点鸡血外根本没有可行性。

我相信真有人能做到，不过这人绝对是万里挑一的，是人中龙凤了。

可能很多人不服："我们很多人就是这样记的呀。虽然不是每天10个，但是我们每天都有英语课，每天都要记单词啊！"

是的，可是性质不一样。初中的词汇量在2000个左右，高中词汇量在1500个左右。加上小学时学习最简单的英语的时间，我们花了6~8年时间记完3500单词，这是大部分人走过的一条路。看上去我们除了假期和周末，我们几乎每天都要背几个单词。

事实上不是这样，这和我们刚才说的是两个概念。

我们在学校期间背单词是因为这是老师的作业，如果不背第二天的听写可能就不会。这是其一。其二，虽然我们每天都在背单词，但不是每天都在背新增加的单词，而是不断地反复和重复。上学期间的学习本身就是一种日积月累的方式。我们用4~5年的时间，每周3~5节英文的方式日积月累了2000词汇量。

每次英语作业多多少少都会有和背单词相关的作业，我们就是在这种简单、机械但有效果的方式中痛苦加枯燥地过完了这几年学英语的日子。

其实，我们可以让一切美好起来。

因为还有第二种记单词的方式。

什么叫快速突破？

怎么快速突破？

让你坚持21天你做不到没有关系，如果只坚持10天你能不能做到呢？如果还做不到，那就再降低标准，只坚持7天能不能呢？

咬咬牙，7天怎么也能坚持下来。

那就好。

有了你这句话，我们就来看看如何实现"快速突破"。

既然是快速突破，就是用最短的时间去做最多的事情。

我们的原则是每天花1~2小时的时间，来记忆100~200个单词。

如果是假期，我们就一天用5~8个小时来记至少500个单词。

然后用一周时间搞定3500个单词。

是的，就是这样快速突破。

旁白：说得好轻松啊！一小时怎么能记完100个单词啊？一天怎么可能记500个单词呢？

当然可能。

只要你愿意花时间来学习和训练，可以说90%的人都能掌握这种方法。

但是你能不能在一天时间内记完500个单词，这个我不敢保证。因为这个除了学会方法，还需要毅力，很多人坚持不下来。连续5个小时一直保持高速的记单词的模式，很多人会疯掉的。刚开始记的50个单词或者刚开始的半小时，多少还有点新鲜感，越往后就越觉得无聊和枯燥，就没兴趣和耐心继续下去了。但你要明白，坚持下来的才是胜者。

我们先来说说单词的记忆方法，回头再说如果坚持下来的事。

单词的记忆也是把单词转化成图像来记忆的。

单词也能转化成图像？完全有可能。

你想想，毫无意义的圆周率都能转化成图像，何况是本身就有意义的英文单词。

我们先来看几个非常有意思的单词转图的例子。

---

hall [hɔ:l]

n.过道，门厅，走廊；会堂；学生宿舍；大厅；娱乐中心，会所

旁白：这种单词只有四个字母，看一遍就记住了，还需要什么方法吗？

别急！

第一，我们主要是学习方法。

第二，如果给出你一堆类似的单词，你还能这么若无其事地说"看一遍就记住了"吗？！

比如：

ball、call、dall、fall、gall、hall、mall、rall、tall、wall

还有下面这些：

lall、nall、yall 、oall、sall

除了这些，还可以找到一长串以"ill"结束的单词。

其实快速突破最适合一次性搞定这种有规律的单词了。不过现在我们先来说说如何把单词转换成图像的事。

我们先来看一幅画。

hall的意思就是会堂、大厅。上图就是一个会议室的图片，符合单词的原意，但是我们怎么来记忆这个单词的拼写和意思呢？

我们可以看到上图中摆放着很多很多的椅子。为什么我们非要拿椅子来说事？

因为我们把这个单词拆分开，就是：

hall = h + all

这时候就需要我们来发挥点想象力了。

还记得我们学习数字编码的时候吗？我们把数字按照几种原则转换成图像，其中一种方法就是长得像。

英文单词和字母的转图也是一样的。很多英文单词的组合或者字母也需要转成图像，其中也有一种办法是利用字母或者单词组合像某一种东西来进行。

比如这个单词中的 "h"就像是一把椅子的样子。

后面的"all"是"全部的、都"的意思，这个我相信你肯定认识。

所以加起来的意思就是：全是椅子。

我们把"全是椅子"的图像和单词本身意思的图像结合在一起，就形成了上面那幅图的样子了。

记忆方法：

单词拆分→转成图像→与单词原意的图像进行连接。

再来一个：

> hesitate ['hezɪteɪt]
>
> vi.犹豫，踌躇，不愿，支吾，停顿；vt.对……犹豫，不情愿

先把单词进行拆分：

$$hesitate = he + sit + ate$$

拆分完后，单词被拆分成三个单词：他 + 坐 + 吃（eat的过去式）

好了，可以发挥想象力在脑子里构建出一幅场景了。

他坐在那里吃。

吃的是什么？鱿鱼（犹豫的谐音）。

怎么吃？非常犹豫不决地吃。

这样，我们就可以轻松记住这个单词的拼写和中文意思了。

再来看两个。

我们直接给出单词原文和构建好的场景。

beef：牛肉

拆分：bee + f

意思：蜜蜂 + 飞（f是飞的拼音的首字母）

构图：一群蜜蜂围着一盘刚煎好的牛肉在飞。

我是说你，不是说蜜蜂。

流口水就对了，这说明你的感受到了，这样记忆的效果就会更加深刻。

下一个：

bullet：子弹

这个单词我们可以不用拆分，直接根据单词的发音来谐音出一个意思。

发音：['bʊlɪt]

谐音：不理它。

构图：当子弹冲你飞过来的时候，我们可以不理它。因为这颗子弹是我们想象出来的。

有没有因为恐惧而闭上眼，只要你想象的时候感觉到了，记忆的效果就到了。如果你只是轻描淡写地随意读过这些文字，我觉得不会有很好的效果。

所以在阅读这些内容的时候，一定要闭上眼睛认真地想象，把当时的场景和感觉都想象出来，只有这样才能保证图像记忆的效果。也只有这样，才能做到一小时100个、一天500个单词的快速突破。

好，现在我们先来闭上一眼睛过一遍刚才的几个单词的图像。

现在可以轻松回忆这几个单词的中文意思了吧。

1.hall   中文意思是：_____

2.hesitate   中文意思是：_____

3.beef   中文意思是：_____

4.bullet   中文意思是：_____

我们再反过来试一下，把英文意思遮挡起来，只看中文，看能不能拼写出英文部分。

牛肉   对应的英文单词是：_____

大厅   对应的英文单词是：_____

子弹   对应的英文单词是：_____

犹豫   对应的英文单词是：_____

是不是很轻松啊！

旁白：轻松是轻松，但这是你设计好的图像我只是来记忆啊，如果让我自己去拆分单词，自己去设计单词的图像，似乎还是无从下手啊。

别急，刚才只是让你体验一下图像记忆单词的魅力。只有当你真正体验了这种记忆方法的神奇之后，你才能真正静下心来按我说的去踏踏实实地实现一天记500个单词的快速突破计划。

现在我就来告诉你拆分单词的几个原则。

原则一：发音像（谐音法）。

比如刚才的bullet就是用谐音法来记忆的。

这样的单词还有很多，我们随便举几个例子。

单词	谐音	中文意思	记忆图像
abandon	啊笨蛋	丢弃、放弃、抛弃	一个笨蛋被他的团队抛弃了
toilet	逃离它	厕所、浴室	厕所里太臭了，赶紧逃离它
envelope	安慰老婆	信封、封皮	用信封装好钱去安慰老婆
bruise	不如死	青肿、伤痕、擦伤	伤成这个样真是生不如死
colony	铐了你	殖民地、侨居地	不听话就铐了你把你送到殖民地

原则二：长得像（形似法）。

这主要是针对一些整体或是某个部分像某种特殊意义的东西的单词。比如：

loom 像数学课中的 100m（100米）

中文意思：织布机。

大脑中的图像是：在织布机上织出了100米布。

先举这一个例子，因为这种用法大部分是在单词中部分使用的。后面的综合法中我们再看几个例子来说明。

原则三：用编码（编码法）。

这里的编码是指对字母或者一些字母组合进行编码，编码的原则和数字编码是非常相似的，就是用谐音法、形似法、特殊意义法等。

从这一点来说，体现了一个道理——万变不离其宗。只要懂得了数字编码的原理和方法，以后就可以对任何东西进行编码了。

比如常见的单字母可以这样来进行编码：

字母	编码	字母	编码	字母	编码
i	蜡烛	h	椅子	e	鹅
r	小草	s	蛇、美女	g	哥
u	杯子	t	雨伞	f	拐杖

多字母组合就没有什么原则，只要自己习惯就好，比如：

字母组合	编码	字母组合	编码	字母组合	编码
pr	仆人	ag	阿哥	br	不热
tion	心、神	th	天河	pt	普通
re	热	po	破	mm	妹妹

这种编码方法还可以理解为拼音法。在拆分单词的过程中，可以把单词拆分成全拼或者拼音首字母的一些组合。

如：baffle

中文意思：使困惑、难住

拆分：ba + ff + le

助记词：爸（全拼）+发疯（拼音首字母）+了（全拼）

图像：爸爸发疯了，一家都被难住了，非常困惑，不知所措。

原则四：胡乱拆（拼凑法）。

拼凑法就是把单词拆分成几个单词，其中可能是些不完整的单词，比如拆分完后可能会出现：

al　我们就把它当成　all

ate　我们就把它当成　eat

del　我们就把它当成　delete

如：assist

中文意思：援助、帮助、搀扶

拆分：as + sist

助记词：像……一样 + 姐妹（sist 当成 sister）

图像：我在路上走不动了，他们都像姐妹一样来援助我搀扶我。

原则五：全都用（综合法）。

就是一个单词中同时用到上面讲的几种方法。

其实单词的拆分是完全没有什么原则可言的，如果非要说什么原则，那么"能够形成清晰的图像并帮你记住的拆分方法"就是最好的原则。

如：democracy

中文意思：民主、民主制

拆分：de + mo + cracy

助词词：德 + 猫 + 疯狂（当成crazy）

图像：在德国的一次民主大会上，一只猫疯狂地冲上讲台。

原则六：胡联系（对比法）。

就是用已知的单词来记未知的单词。两个单词必须有一定的关系或者有相似之处。

比如：

war —— raw　　　live —— evil

lived —— devil　　part —— trap

……

上面这几组单词都有一个显著的特点，就是两个互为倒序，也就是说如果前面的单词是 abcd，那么后面的单词就是 dcba。

还有一个特点就是每组词中有一个是非常简单非常熟悉的单词，另一个是陌生的单词，那么我们就把这两个单词的图像通过串联联想结合在一起，以达到记忆陌生单词的目的。

比如：

war意思是：战争

raw 意思是：生的，未加工的，未煮过的

联想：在战争过程中，特种兵们在特殊条件下直接生吃各种食物。

原则七：一大串（归纳法）。

归纳法就是把很多相似的单词归纳到一起，然后一次性突破。就像前面我们已经提过的这一组：

ball、call、dall、fall、gall、hall、mall、rall、tall、wall

再比如：

bear、cear、dear、fear、gear、hear、near、rear、tear、wear、year

bell、cell、hell、sell、tell、well、yell

bill、fill、hill、kill、mill、pill、till、will

bangle、dangle、fangle、jangle、twangle、tangle、entangle、untangle、wangle

berry、cherry、merry、lorry、sorry、worry

这种兄弟姐妹特别多的单词，就是找出它们的区别，然后通过图像联想来记忆。

我们以最后一行为例。

berry：草莓 —— 关键字母 b（搬）—— 搬草莓

cherry：樱桃 —— 关键字母 ch（吃）—— 吃樱桃

merry：快乐的 —— 关键字母 m（美）—— 美啊，所以快乐的

lorry：卡车 —— 关键字母 l（拉）—— 卡车是用来拉货的

sorry：对不起 —— 这个就不用方法了吧

worry：担忧 —— 关键字母 w（问）—— 问问你担忧什么

到此为止，关于英文单词的记忆方法就全数教给你了，剩下的就是你自己的事了，因为再好的方法也要你一个一个去记，没有人能像COPY文件一样一下子就把所有的单词COPY到你的脑子里。

第46天 单词转化训练

训练方法：

英文单词的编码系统并不像数字编码是唯一的，很多的编码需要灵活运用。因为英文单词中的字母组合不能像记忆数字一样标准的两位一个编码，有时候可能一个字母就是一个编码，有时候四个字母才是一个编码。

所以在处理这些问题的时候，更多的还是凭感觉和经验。接下来我们就要练习面对一个陌生单词的时候，如果对单词进行拆分和转换图像。

拆分原则：

1.把单词中已经认识和熟悉的单词或者近似的单词拆分出来。

2.把有特殊意义的组合拆分出来。

3.其余部分可以用单独的编码或者直接联想加进去也可以。

训练要求：

1.尝试对每一个单词进行拆分并转换成图像。

2.拆分时尽做到注重图像而不注重故事情节。

3.尽可能做到读音、词义、拼写都能和图像有联系。

根据示例，试着拆分下列单词，并记住它们。为了防止大家偷懒，请大家自行查询单词的音标、中文意思。

delivery muscle naked flu axis restrain

lodge spoon paste imply germ prime

insure queue puff solar engage

cheek ditch

第47天　谐音单词记忆

请用谐音法分别记忆外来词汇和非外来词汇。

英文	中文	英文	中文
coffee	咖啡	olympic	奥林匹克
whisky	威士忌	marathon	马拉松
lemon	柠檬	pudding	布丁
guitar	吉他	poker	扑克
golf	高尔夫	mosaic	马赛克
sofa	沙发	hamburger	汉堡包
brandy	白兰地	bowling	保龄球
logic	逻辑	vaseline	凡士林
chocolate	巧克力	salad	色拉

以下为非外来词汇

英文	中文	谐音	注释
abandon	丢弃、放弃	一个笨蛋	
toilet	厕所、浴室	逃离它	
melt	融化、使融化	灭了它	
torture	拷问、折磨、拷打	偷窃	
bullet	子弹	不理它	
coffin	棺材、枢	靠坟	
bruise	青肿、伤痕、擦伤	不如死	
colony	殖民地	拷了你	
curse	诅咒、咒骂	客死	
deny	否定、拒绝相信	抵赖	
chin	下巴、颚	亲	
betray	背叛、辜负、泄漏	被踹、被吹	
flee	逃离、逃避	飞离	
rescue	营救、救援	来施救	
frown	皱眉	芙蓉	
peep	（从缝隙中）偷看	皮破	
weed	杂草、野草、除草	喂的	

第48天　类比单词记忆

训练方法：

所谓类比法，就是记一个单词的时候，发现有一些单词与这个单词非常相似，只有一个字母或者两个字母有区别。这时候我们可以把这一类的单词进行归纳总结，然后统一对比记忆。

比如单词book，与它非常类似的单词有：look、hook、fook、cook、dook、gook、jook、kook、mook、nook、pook、rook、sook、took、yook、zook，还有chook、shook、spook等。

记忆方法：有区别的字母转图与单词本意进行串联联想。如：

dook，d（打），在倾斜的街道上打一口斜井。

rook，r（让），一个赌棍让骗子给欺骗了。

hook，h（焊），把铁钩焊到船上当锚用可以成为骗人的陷阱。

（注：上面的例子中画线部分为单词的原中文意思。）

ball	well	bare	dire	till	pull
call	yell	care	fire	will	sull
fall	bear	dare	gire	bull	bere
hall	dear	fare	hire	cull	cere
tall	fear	gare	mire	dull	dere
wall	gear	hare	tire	full	fere
bell	hear	mare	bill	gull	here
cell	near	nare	fill	hull	mere
hell	rear	rare	hill	lull	pere
sell	tear	ware	kill	mull	sere
tell	wear	cire	mill	null	tere

第49天　单词的快速突破与遗忘对策

我们需要回到之前的话题，来说说"快速突破"记单词的事。

很多人有这样的疑问：就算我一天记500个单词，谁能保证我过几天不会忘啊？一个星期后这500个单词我还能记住多少呢？

那我就负责任地告诉你，如果你不复习的话，一周以后可能只能记住100个单词或者更少。

不知道你有没有这样的经历，或者说有没有见过这样的一种人。他自己突然下定决心要学英语，于是买来英文的教程或者字典，然后像模像样地开始背单词。第二天见他，书翻了大约五六页。第二天见他，书又翻过了五六页。第三见他，似乎没有再增加很多。一个月后见他，还是翻过的这十来页。

一年后再见他，他又会慷慨陈词、豪情万丈地说这一次真的要好好学英语，一定要坚持下来，然后重新开始 5+5+… 的故事。

第三年，这个故事再次被重复。

哪怕这个故事一个月被重复一次，他也永远翻不到这本书的20页以后。

更糟糕的是，这个故事每重复一遍，就是对他自信心的一次打击，他会越来越不可能坚持把这件事做完。

他真的是坚持不下来吗？

不是！

他真的是不想学吗？

也不是！

那就是他在说谎故意表演给别人看的？

更不是！

那是什么让他一次次地放弃？

原因只有一个：方法错了。

旁白：刚才你花了那么长的篇幅给我们讲了记忆单词的方法，如果换作这种方法是不是就能轻松地坚持下来了？

好吧，我换个说法。

记单词的方法可以帮你快速地记住一个或者几个单词，但是记单词的方法不管多么优秀，说到底一个一个地记完几百个甚至几千个单词，还是一件非常枯燥的事。如何坚持下来靠的不是记单词的具体方法，而是一个整体的思路，或者说策略。

我们来看看两种人记单词的区别。

第一种人，我们管他叫认真。

他们记单词是这样的一种状态。

第一天记了500个单词，第二天早上起来忘了300个，所以第二天他要很长的时间来复习昨天忘记的那部分单词，然后只能增加200个单词。第三天的时候还要复习第一天和第二天忘掉的单词，所以第三天可能只能记几十个单词。到了第四天发现自己忘掉得太多了，索性就不再记新的单词，而是从第一天记的单词开始重新记，直到自己认为这些单词已经完全记住为止。

一周下来，他大约记完了1000个单词，忘掉一半，有印象的大约有500个。

表面看来，如果连续记三天，能记1000个左右的单词也是不小的成就了，但实际情况是怎样的呢？很少有人能一天拿出五六个小时来记单词，一天能拿出一个小时来记单词就很不错了，所以三天下来他们也就只能记一两百个单词。

但是因为记了忘，忘了再记，所以可能反复记忆的总是排在最前面的这一两个单词。

遗忘是大脑的特性，只要我们的大脑还正常，就必然会遗忘。遗忘与你用哪种方法记忆的关系不大，所以不论我们用什么方法记完500个单词，如果不复习，一周以后，可能能够清晰回忆出来的也就只有几十个了。

所以这种人记单词，就是永远面对一本翻不完的书。

永远在心里压着一块没有记完单词的石头。

第二种人，我们管他叫速度。

他们记单词是先保证记单词的速度。

因为老师说了，我一天可以记500个单词（先假设，好和前面那种人做对比），然后坚持每天记500个。同样是记了7天，他可以记完3500个单词。我们也先假定他也没有复习，也会遗忘。

一周后，他记完了3500个单词，但是留在脑海中的大约有500个。

旁白：这不一样吗？两种人都是记住了大约500个单词。

是的，表面上看来是一样的。但实际上有很大的差别。

好了，不绕圈，直接告诉你答案：

当他们再一次拿起单词书重新去记这本书的单词的时候，心态变了。

什么意思？

第一种人再次拿起单词书的时候，他们心里在想什么？

翻开厚厚的一本书，除了前面的几页后面都是新的，于是想，我到底哪一辈子才能把这些单词记完啊？！在我有生之年还有希望吗？！

第二种人再次拿起单词书的时候，他们怎么想？

记完没复习有些忘记了，我得赶紧复习一遍。

不知道你明白了没有？

当我抱着一本书以"复习"的心态去看和以"新学"的心态去看的时候，你的心理状态和学习效率是会有天壤之别的。所以，如果这个假定的场景存在，他们第二次记单词的，后一种人的效率会是前一种人的十倍甚至更高。

因此，我一直倡导后面这种快速突破的方案。哪怕你记完了忘掉90%也没关系，反正你已经在心理上取得了巨大的优势，它会让你接下来的工作变得十分轻松而不是压在心里的一块石头。

说到这里，不知道能不能对你有一些触动。

你是选择做"认真"，还是选择做"速度"呢？

我知道你肯定还有个疑问：不管哪种策略，记完了还会忘掉一多半，那反复地记有什么用？

是的，但是有一种方法是可以用来抵抗遗忘的。与其说这是一种方法，不如说这是一种复习的规律。

在讲这个规律前，我们先来学习一个心理学的专业名词。

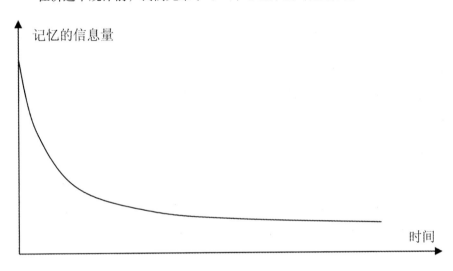

艾宾浩斯遗忘曲线

从这条曲线上直接地来看，说明我们大脑的遗忘是从快到慢的。也就是说：如果我们一次性记完了100个单词，在一次也不复习的情况下，我们的遗忘是从20分钟之后开始的，到1小时后大约要遗忘50%，1天后遗忘的数量接近70%，3天后遗忘的数量将达到75%左右，以后遗忘会越来越少，即使再过1周或者1个月的时间，我们仍然能够保持10%~20%的记忆量。

如果我们能在快速遗忘的时间点上恰到好处地去复习一下，就会有惊人的改变。

上面的那条曲线就会变成下面这个样子。

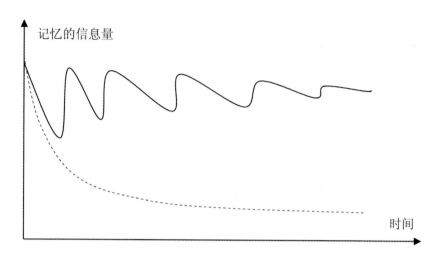

从图中可以发现，当我们在快速遗忘的几个关键的时间点上经过了六次复习以后，我们的记忆量基本能保持在95%以上，基本能达到几个月甚至几年不忘的效果。

这六次复习时间分别是：10分钟后、1小时后、1天后、3天、7天后、15天后。

如果想更长时间的记忆，可以在30天后再复习一次。

网络上有很多的版本，有的说是1天、2天、4天或者类似，有的说是20分钟后开始，等等。

究竟是在10分钟开始还是20分钟开始，是在第3天还是在第4天开始，我个人认为没有严格的要求。因为每个人先天性记忆力不同、大脑的习惯不同，故而造成的遗忘也完全不同。重要的是你只要明白了艾宾浩斯遗忘规律，你就知道了怎么利用这个特点来抵抗我们大脑的遗忘。只要我们根据自己的实际情况，在不偏离这个原则太远的情况下灵活地运用，就能达到好的效果。

上面讲的道理，不仅适用于英文单词的记忆，而且适用于所有知识和信息的规律，是大脑的遗忘规律，和你记忆的是什么内容无关。

为了对抗遗忘，我建议大家在记单词的时候制作一张表格，然后通过这张表格来复习，下面举例说明一下。

英文	首次记忆日期时间	1 小时	1 天	3 天	7 天	15 天	30 天	中文
pot	2017.1.7		×					陶、罐、容器
trap	2017.1.7							圈套、诱骗、陷阱
raw	2017.1.7			×				生的、未加工的
evil	2017.1.7			×				邪恶的、有害的
lorry	2017.1.7							运货车、卡车
democracy	2017.1.7							民主政治、民主主义
hall	2017.1.7							大厅、走廊、会所

上表中，当记忆的单词数量不多的时候，可以把"首次记忆日期时间"这一列去掉，在整张表的某个部位标记一下首次记忆的时间就可以。

如果想挑战一次性记忆几百个甚至上千个单词的时候，最好是加上此列。当然并不需要每个单词都写上日期，只在每天记忆的第一个或者最后一个标记上就可以。

这样做的目的就是方便自己后期复习的时候，知道自己到哪个时间该复习哪一部分就可以了。

后面的"×"是用来标记自己不能正确回忆出来的内容。然后要单独再抽一些时间来强化这些被标记过的单词。如果某个单词反复出现"×"，就说明之前构建的图像有问题或者图像的链接有问题，不能帮我们清晰地记住单词的中文和英文，这时候就需要调整或者重新构建一个新的图像或者模式，然后重新进入这个复习的流程。

第50天　单词串联记忆

训练方法：

所谓单词串联记忆，就是把很多重新记忆的单词转换成图像，然后把图像按串联联想的方法串联在一起，形成一个图像链。

如：vet 、hippo、loom、tame、pigeon

串联成的图像就是：

一个兽医牵着一头海马、撞坏了一台织布机，织布机里钻出来好多被驯服的动物，其中最多的是鸽子（或者直接用想象"钻出来好多被驯服的鸽子"，只要我们回忆时能想起"驯服的"这个单词就好）。

请用串联的方法记忆下列单词：

第一组			记忆时间：		
absorb	Effect	Vague	obscure	absorb	effect
abroad	aboad	thunder	timid	awful	billion
第二组			记忆时间：		
vague	obscure	genius	helicopter	spider	tobacco
broad	bulb	catalog	chew	confess	consent
第三组			记忆时间：		
convenient	fatal	glove	fiction	document	crisis
donkey	feedback	deck	eventually	construct	tortoise

第51天 房间法单词记忆

训练方法：

房间法记单词，就是把每个单词转换成图像并挂接到一个地点桩上。

在单词进行图像转化的时候，可以按单词的本意进行转图定桩，也可以把单词记忆时产生的辅助图像一起挂接到地点桩上。

如：palm 手掌、棕榈树

拆分：pa（怕）lm（老妈）

助记：因为怕老妈的手掌打人，所以爬到棕榈树上不下来。

对于这个单词，我们在进行图像定桩的时候，就可以把一个孩子怕老妈爬到棕榈树上的图像一起挂接到地点桩上。不过在处理这样的图像的时候，一定要强化"手掌、棕榈树"这两个图像的印象。

请用房间法记忆下列单词：

第一组		记忆时间：		
所用房间：	jewel	lace	mutton	pond	rocket
	steamer	kettle	lavatory	olive	purse
第二组		记忆时间：		
所用房间：	saddle	stove	lens	magnet	onion
	radar	samdwich	tutor	linen	mask
第三组		记忆时间：		
所用房间：	pearl	religion	sausage	venture	loaf
	mercury	penguin	rely	scenery	violet

第52天　复习与整理

训练方法：

任何知识点的学习，复习非常重要。不管用什么方法来记忆，遗忘是难免的。特别是英文单词的记忆，复习就更加重要，否则遗忘的速度非常快，三天后的遗忘率就可能高达80%。

所以为了防止遗忘，我们必须按照"艾宾浩斯遗忘曲线"的规律去复习，才能起到事半功倍的作用。（相关内容大家可以参考《超级记忆：破解记忆宫殿的秘密》一书，其中对此有详细的解释。）

我们给出七次复习的标准时间表，请大家自行按照此表对自己记忆的内容进行复习。

首次记忆、15分钟、1小时、24小时、3天、7天、15天。

训练要求：

1.以尽可能短的时间记忆下列单词，并记录下首次记忆完成的时间。

2.制订好自己的复习时间表，并严格按时间表进行复习。

检验标准：

1.复习时能够正确回忆的在空格内打"√"或者不作标注。

2.不能正确回忆的单词在对应的位置打"×"，并强化该单词的记忆。

训练心得及训练感受记录：

_____

_____

_____

_____

首次记忆完成时间为： 年 月 日 时 分

english	1	2	3	4	5	6	7	中文
survey								调查、测验
add up								合计
upset								心烦意乱的；不安的，不适的
ignore								不理睬，忽视
have got to								不得不；必须
concern								涉及；担心；关注
walk the dog								遇狗
loose								松的，松开的
vet								兽医
go through								经历；经受
Amsterdam								阿姆斯特丹（荷兰首都）
Netherlands								荷兰（西欧国家）
Jew								犹太人的；欺骗，杀价
German								德国的，德国人的，德语的
Nazi								纳粹党人、纳粹党的
set down								记下；放下，登记
series								连续，系列
a series of								一连串的，一系列；一套
outdoors								在户外，在野外
spellbind								迷住；疑惑
spell								拼写，诅咒，轮替，导致
bind								约束，装订，捆绑，窘境，藤蔓
purpose								故意
in order to								为了
dusk								黄昏，傍晚
at dusk								在黄昏时刻
thunder								打雷，雷鸣，雷，雷声
entire								整个的；完全的，全部的
entily								完全地，全然地，整个地
Power								能力，力量，权力
conquer								征服，占领
Face to face								面对面地

第53天　问答题的记忆

这里所说的问答题，是指史地生政这类课程的问答题，不包括数理化方面的问答题，因为数理化方面的问答题一般都是推理和计算，只有少部分内容是和记忆有关的。我们在这本书里先不说逻辑推理的事，只说如何记忆各类有固定答案的问答题。

我们来看个例题。

> 戊戌变法的性质、内容和失败原因是什么？
>
> 答：
>
> 性质：资产阶级改良运动。
>
> 内容：政治上，改革政府机构，裁撤冗官，任用维新人士；经济上，鼓励私人兴办工矿企业；思想上，开办新式学堂培养人才，翻译西方书籍，传播新思想；文化上，创办报刊，开放言论；军事上，训练新式军队。
>
> 失败原因：变法触动了顽固派的利益。

很多同学在背这种问答题的时候，是拿过来就背。所以我知道很多背得特别熟的同学在考试的时候却犯下了让人哭笑不得的错误，就是答错题了。

脑子中熟记了很多的答案，却没有记清哪个答案是哪道题目的。

所以我们在记忆的时候，必须要把问题也就是题干部分也记住，才不至于犯这种错误。

我们利用记忆法来记忆这种题目的时候，使用的方法还是定桩法。定桩法也有很多种，有的人喜欢用房间来做桩子，有的人喜欢用文字来做桩子（参照《超级记忆：打造自己的记忆宫殿》中关于文字桩的内容），而我觉得用起来最方便，而且印象相对比较深刻的还是用图片做桩子。

直接到网络上去搜索一张和题目内容相关的图片或者照片，当然只要有联系就好，不一定非要和题目内容完全吻合。

比如这道题目，我们可以从网络上搜索到以下图片。

以上这几张图片都是从网络上搜索到的和戊戌变法有关系的，都可以用来当作桩子记忆这道题目。我们就以最后一幅画为例，来说明如何记忆这种类型

的问答题。

第一步，从答案中提炼出关键字，并整理出结构。

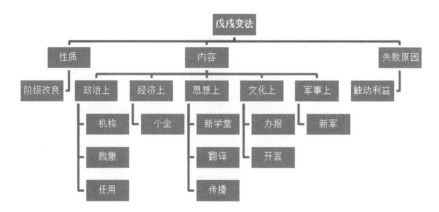

从这道题目的整体结构来看，我们只需要从图上找到8个地点桩，就能挂接所有的内容了；也可以找7个，其中的"2内容"可以忽略，因为它下面分了5个小项。

至于内容中的每个小项又分了几项，我们可以通过串联挂接到一个地点桩上。

其实这幅画上可以找出来的地点桩有很多。比如康有为身后的那盆花就可找到3个可用的地点桩（底座、花盆、花枝），光绪的座椅也可以分为3个部分

（靠背、面、侧面扶手），光绪背后的画、窗帘（也可能不是窗帘，是门帘）等这些都可以作为地点桩来用。

这里我们把2号地点直接去掉了，为了便于记忆，我们把34567号地点桩都放到了人的身上，用来标识这是变法的内容。

有了地点桩，我们就可以把刚才整理出来的关键字进行转图挂桩了。

1 花：性质——阶级改良

图像：花上贴了一张大大的信纸（性质），信纸上正有人对街机（谐音阶级。街机就是前些年流行的一种电子游戏机。如果不熟悉这个图像，自己重新换一个，接机、接鸡都可以。）进行改良。

2 号地点省略。

3 康有为头顶：政治——机构、裁撤、任用

图像：康有为头顶一群鸡狗（机构），然后把一堆没用的鸡狗都从头顶上裁撤下来，并任用一个最小的小鸡作为领袖。

4 康有为的手：经济——个企

图像：康有为手上拿着一个企鹅（个企），然后给了企鹅一些钱让它自己去办工厂。

5 光绪的头：思想——新学堂、翻译、传播

图像：光绪的头上冒出来3个问号（思想），问号顶起一座新的学堂，学堂里有位翻译官正在发宣传资料。

6 光绪的手：文化——办报、开言

图像：光绪的手里拿着半张报纸（办报），报纸中钻出来一个脑袋开始讲话。

7 光绪的大腿：军事——新军

图像：光绪的大腿上站着一批穿着崭新衣服的军人，他们正在操练。

8 座椅扶手：失败原因——触动利益

图像：一个举手投降的人（失败），高举的双手触动了古老的宝盒（顽固

派的利益）。

图像记忆的关键是图像，所以，我们第一遍回忆的时候，一定要把图像回忆清楚，不要急于去回忆原文的内容。如果图像记忆不牢固或者不够清晰，是不可能回忆出原文的内容的。

所以先回忆图像：

花：信纸、街机

康头：一群鸡狗

康手：企鹅

光头：问号、学堂、翻译官、宣传单

光手：报纸、脑袋

光腿：新军

扶手：投降、宝盒

只看我上面的叙述很简单，但这不是图像的全部内容。大家在回忆的时候，一定要认真地回忆出图像的每个细节。

比如，"一群鸡狗"当时什么场景？

一群鸡狗很混乱也很拥挤，于是一些没用的鸡狗就被从头顶上扔了下来，并把一只很可怜的小鸡给抬举起来，成了这批鸡狗的新领袖。

文字叙述起来是一件麻烦的事，但是这个场景在你脑海中出现可能只需要不到一秒的时间，不过其中的一些细节必须要有，因为每一个细节就代表着我们原文中的一个关键字，也就是考试中的一个得分点。

图像回忆完了，就该尝试回忆原文的内容了。

刚开始回忆原文的时候，肯定会丢三落四，甚至不成句子，或者完全想不出应该如何表达和叙述。没有关系，这时候我们就要用到速听的方法。

就是前面提到的"同时"法则：边读原文，边过图像。

过上几遍之后，再闭上眼睛回忆原文，就轻松加愉快了。

另外，对于这类的题目，我个人觉得没有必须做到记得一字不错。因为这不是默写古文古诗，只要要点写出来了就会得分。

这种题目在批改试卷的时候一般也是按知识点来评分的。

比如这个题目总分10分。

那么性质占1分，内容占8分，失败原因占1分。

再细分：政治、思想、文化各占2分，经济、军事各占1分。

也就是说，你只要把这三个大方面、七个小项中的10个关键字（词）答上来，就可以得到10分。

如果你非要把其实没有意义的助词和标点符号也记得清楚清楚，我觉得就有点不值得了，因为同样的时间我们可以去学习更多的知识了。

好了，现在请你只看着下面这幅画，把这道问答题的整个内容回忆一下吧，看看你能回忆起多少？

1.（性质）：＿＿＿＿＿＿＿＿

2.（政治）：＿＿＿＿＿＿、＿＿＿＿＿＿、＿＿＿＿＿＿

3.（经济）：＿＿＿＿＿＿＿＿＿＿＿＿＿＿＿＿＿

4.（思想）：＿＿＿＿＿＿、＿＿＿＿＿＿、＿＿＿＿＿＿

5.（文化）：＿＿＿＿＿＿、＿＿＿＿＿＿

6.（军事）：＿＿＿＿＿＿

7.（失败原因）：＿＿＿＿＿＿

最后一步，图也不看了，数量提示也没有了。

闭上眼睛回忆。

请你简述戊戌变法的（　　　）、（　　　）和（　　　　）。

1. 戊戌变法的（　　　）是：＿＿＿＿＿＿＿＿＿＿＿＿＿＿＿＿＿＿＿＿＿＿＿＿。

2. 戊戌变法的（　　　）是：＿＿＿＿＿＿＿＿＿＿＿＿＿＿＿＿＿＿＿＿＿＿＿

＿＿

＿＿＿＿＿＿＿＿＿＿＿＿＿＿。

3. 戊戌变法（　　　　）是：＿＿＿＿＿＿＿＿＿＿＿＿＿＿＿＿＿＿＿＿＿＿。

第54天 知识点拆分训练

训练方法：

不管是哪门课，凡是需要记忆的内容一般都要经过以下几个过程：

读熟——理解——关键字——转图——定桩——回忆——速听

当然并不是每个过程都是不可缺少的，比如历史事件的记忆就可以忽略读熟、理解、找关键字和速听过程，只需要转图和定桩这两个过程就能轻松地搞定了。

丝绸之路与中外经济文化交流：
①丝绸之路的开通是划时代的重大事件，沟通了东西方的交通。通过丝绸之路，中国与中亚、西亚、南亚诸国进行了频繁的经济、文化交流。②中国的铁器、丝绸和养蚕缫丝技术，以及铸铁术、井渠法、造纸术先后西传。③两汉之际，佛教也通过丝绸之路由印度经中亚、西域，沿丝绸之路传入中国。

为什么要实现收入分配的公平：
①是社会主义分配原则的体现，社会主义本质的客观要求，也是中国特色社会主义的内在要求，是实现共同富裕的体现；②扩大内需，刺激消费，转变经济发展方式；③公平是提高经济效率的保证，它有助于协调人们之间的经济利益关系，促进社会公平，社会和谐；④体现了科学发展观的核心以人为本，实现全面小康社会。

撒哈拉沙漠的成因？
①北非位于北回归线两侧，常年受副高控制；②北非与亚洲大陆近邻，东北信风从东部陆地吹来，不易形成降水；③北非海岸线平直，东有埃塞俄比亚高原，对湿润气流有阻挡作用；④北非西岸有加那利寒流经过，对西部沿海地区有减温减湿的作用；⑤北非地形单一，地势平坦，气候也就单一。⑥沙漠边缘的人类过度垦殖。

研究动物激素生理功能的几种实验方法：
①饲喂法：如用甲状腺激素制剂的饲料喂养蝌蚪或在其生活的水中加入甲状腺激素。
②摘除法：如摘除小狗的甲状腺。③割除移植法：如割除公鸡的睾丸并植入母鸡的卵巢。
④摘除注射法：如摘除小狗的垂体并注射生长激素。

记忆所用时间：

第55天　知识点转图训练

训练方法：

不管是哪门课、哪种类型的知识，转图时采用的方法都基于以下几种：

直接法：就是根据词的原意或意境直接出图。

谐音法：就是根据词的发音谐音成相近的实物词语再出图。

代替法：根据原词找一个与此有密切关联的词语来代替然后出图。

转图时，图像要力求清晰，图像的风格尽可能与原题目的风格相似或者相近。图像不宜过于复杂，并尽量避免使用重复的图像元素。

在实际转图的过程中，转换成的图像可以是一个物品，可以是一个场景，也可以是一个连续的故事片段（连续动作的图像）。特别是对于历史类、政治类知识的记忆，可能连续的图像效果更佳。

个人所得税的意义：是国家财政收入的重要来源，也是调节个人收入分配、实现社会公平的有效手段。提高个税起征点，有利于提高人们的收入水平和生活水平，减轻低收入者的负担。有利于实现共同富裕，促进社会和谐。
孝文帝改革措施包括：①朝廷中使用汉语，禁用鲜卑语；②官员及其家属必须穿戴汉族服饰；③将鲜卑族的姓氏改为汉族姓氏，把皇族由姓拓跋改为姓元；④鼓励鲜卑贵族与汉族贵族联姻；⑤采用汉族的官制、律令；⑥学习汉族的礼法，尊崇孔子，以孝治国，提倡尊老、养老的风气等。
绿化的环境效益：①通过光合作用保持大气中 O_2 和 CO_2 的平衡，净化空气；②绿化植物和防护林可以调节气候、涵养水源、保持水土、防风固沙；③城市绿地的作用是吸烟除尘、过滤空气、减轻污染、降低噪音、美化环境。
萨顿假说：1.内容：基因在染色体上（染色体是基因的载体）。 2.依据：基因与染色体行为存在着明显的平行关系。①在杂交中保持完整和独立性；②成对存在；③一个来自父方，一个来自母方；④形成配子时自由组合。3.证据：果蝇的限性遗传。

记忆所用时间：

第56天 与数字有关知识点的记忆

在我们学习的过程中，有很多的知识点中涉及记忆数字。历史课中有事件发生的时间，地理课中有人口数量、产量等，生物课中也有一部分与数字有关的知识点，当这类知识积累得太多的时候，很容易发生混淆。

但是别忘了我们是学过记忆术的人，我们有利器啊！

什么利器？就是数字编码系统。

只要我们把知识点中的数字转换成对应的编码图像，然后和题义结合起来，就可以轻松地解决这个问题了。

1380年 明太祖废除丞相

1553年 葡萄牙侵占澳门

1872年 《申报》在上海创办

1909年 冯如制成中国第一架飞机

1581年 荷兰独立

1787年 美国制定宪法

1852年 拿破仑三世建立第二帝国

1948年 马歇尔计划

上面我们随意找了四个中国历史事件和四个世界历史事件，接下来我们来看如何一次性把这几个历史事件对应的年份记住。

旁白：这些有的都记住了，而且就算是死记硬背也不是很难。

别吹，我只是为了举例才只列出了十个，如果我一次性列出100个呢？你还说靠死记硬背就能轻松解决吗？

在"世界脑力锦标赛"上，专门有一个项目叫"虚拟历史事件记忆"，要求是在五分钟时间内记住尽可能多的虚拟历史事件。

什么是虚拟历史事件？就是为了保证公平，不能用真实发生过的事件，否则大家的专业不一样，知识面侧重点不一样，就很难做到公平。所以就虚拟出很多历史事件，保证这些事件是所有选手都没有听说过的。比如：

1206年 一只鹦鹉飞行中不小心撞到了大象

2038年 上百架无人机在台风中被毁

1174年 一匹马救了上百名被洪水围困的人

看明白了吧，这就是虚拟历史事件，就是胡扯出来的一堆事件，只是来比拼谁对年份和事件匹配的记忆能力更强，这和我们记忆新学的历史知识是非常相似的。

我想来刺激你的是，你知道目前国际上比较擅长这个项目的牛人的成绩是多少吗？

说出来不要害怕，他们的成绩已经达到了五分钟时间记忆将近100个历史事件。

这是什么概念呢？就是一分钟能记忆20个历史年代，也就是说每个事件与年代的记忆时间不超过3秒。

这就是传说中的过目不忘啊！

怎么样？还觉得自己靠死记硬背就能轻松搞定吗？

你也别灰心，学完了下面的方法，只要稍加练习，你也可以变成这样的牛人。其实对于应付考试所需要的知识点来说，我们只要做到十秒钟记忆一个，也是足够足够足够了。

1380年 明太祖废除丞相

我们需要做的是：

一是把代表年代的数字转换成对应的数字编码图像。

二是把历史事件转换成一个情景然后与数字编码的图像进行联结组合。

把历史事件的内容当作地点桩，而数字就是桩上挂接的图像。

明太祖废除丞相：想象一个历史剧中的画面，太祖应该是什么样子，丞相应该是什么样子。不需要太具体，在自己的脑海中有一个大体的轮廓就好。关键是把"废除"这个动作加以夸张，怎么废除呢？

1380：转换成对应的数字编码。13就是医生（或者是听诊器），80就是巴黎（或者用埃菲尔铁塔）。

现在把这两个数字编码的图像加进刚才的历史剧中，来想象一下当年明太祖是如何废除丞相的呢？

明太祖命令一个医生，手持一个艾菲尔铁塔的模型直接把丞相给砸死了。

从此以后，这个世界上再也没有丞相这个职位了。虽然有点血腥、有点胡扯，但这样离奇的不靠谱的构思才能在你的脑海中留下更深的印象。

当然这个医生一定要穿白大褂，还可以再戴上口罩，因为只有这样才会记忆深刻。如果是位穿便装的医生，过几天你可能就记不起来这位仁兄是什么身份了。你也可以让他一手拿听诊器，一手拿铁塔，两手抡圆了轮流去砸那个可怜的丞相。也许就算让你穿越到朱元璋的年代去，你打死也不会去干丞相这个职业了。

其他的历史事件我就不解释得这么费劲了，我们直接给出构建好的图像。不过希望你一定要逐个认真看一下，并在脑海中把图像想象出来，一会儿还要考试呢。

1380年　明太祖废除丞相

明太祖命令医生（13）用铁塔（80）把丞相打死了。

1553年　葡萄牙侵占澳门

葡萄牙人每人手持一只鹦鹉（15），每个鹦鹉嘴里叼着一朵牡丹花（53），很快这些鹦鹉就把牡丹花洒满全城，澳门侵占成功。

1872年　《申报》在上海创办

《申报》发行当天，一张《申报》被风吹走掉到一块泥巴（18）上，一只企鹅（72）过来把《申报》捡了起来后高兴地阅读起来。

1909年　冯如制成中国第一架飞机

冯如抱着一大瓶药酒（19）加进飞机的油箱，然后把一大串菱角（09）挂在飞机头，就发动飞机升空了。

1581年　荷兰独立

荷兰国王完全独立，这个奇葩的国王头上顶着鹦鹉（15），手里托着一只大蚂蚁（81），庄严地向全世界宣传荷兰正式独立。

1787年　美国制定宪法

美国总统（随便哪个总统都行，我们只是借用一下）手举宪法（就用一本大字典的图像代替）砸烂了一个仪器（17），然后在上面插上一面白旗（87），标志着宪法正式启用。

1852年　拿破仑三世建立第二帝国

拿破仑三世（直接用历史教材上拿破仑的图像）用泥巴（18）在地图中围了个圈，然后在中间种了一些木耳（52），并自嘲道"我的第二帝国建立了"。

1948年　马歇尔计划

一匹马累了想歇歇，于是停下来喝了一瓶药酒（19），吃了一根丝瓜（48）。

好了，现在闭上眼睛，趁热打铁地快速回忆一遍刚才记忆的内容。

先过一遍脑海中构建出来的图像。

明太祖废除丞相——医生用铁塔把丞相打死

葡萄牙侵占澳门——无数鹦鹉叼着牡丹花

《申报》在上海创办——《申报》落泥巴上，被企鹅捡走

冯如制成中国第一架飞机——加药酒，挂菱角

荷兰独立——顶着鹦鹉，托着蚂蚁

美国制定宪法——砸烂仪器，插上白旗

拿破仑三世建立第二帝国——在泥巴围成的圈中种木耳

马歇尔计划——累了停下来喝药酒吃苦瓜

好了，考试时间到了，来试着回忆出每个历史事件的年份吧。

_____年 拿破仑三世建立第二帝国

_____年 马歇尔计划

_____年 冯如制成中国第一架飞机

_____年 葡萄牙侵占澳门

_____年 荷兰独立

_____年 明太祖废除丞相

_____年 美国制定宪法

_____年 《申报》在上海创办

不许作弊偷看，看自己是不是能轻松得100分。

补充知识点：

遇上三位数的年份和公元前的年份怎么记？

比如，618年、公元前618元，类似这样的年份怎么处理？

我的建议是：对于不足四位数的年份，在前面加0补充至四位数年份。

618年就变成0618年，这样就可以用06和18两个数字编码的图像了。

对于公元前的年份，在前面加9补充至四位年份。

公元前618年变成9618年。因为目前我们不用担心公元后会有9618年（科幻小说里也没用过），也不用担心和961、968这样的年份混淆（因为这些会变成0961、0968）。这样我们在后期反推年份的时候，只要出现9字头的年份，就知道是公元前了。

也有人这样建议：对于公元后的三位年份，就直接用个位数的数字编码来处理第一位。比如618年，就是数字6的数字编码加18的数字编码。

只要自己心中明白就好，方法要活学活用。

好了，现在你可以去把中学历史上所有和年份有关的知识点一次性全部解决掉了，想想是不是一件特别爽的事。

第57天　虚拟历史事件（一）

请记住以下虚拟历史事件对应的年份。（回忆时请自行遮挡左边的内容）

时间	事件	时间	事件
1368	皇太子中风身亡		猪得瘟疫大量死亡
1258	台风对村庄造成破坏		云南发现神秘民族
1396	葡萄产量达历年最高		月球国际工作站完工
1716	猪得瘟疫大量死亡		一外国女人村口卖艺
1682	神秘人偷走玉佛		万人江边求雨
2037	月球国际工作站完工		太空旅游搞优惠活动
1684	皇宫半夜失火		台风对村庄造成破坏
1319	万人江边求雨		皇太子中风身亡
2049	太空旅游搞优惠活动		世界最高建筑竣工
1852	一外国女人村口卖艺		神秘人偷走玉佛
1456	三岁孩子捡到金元宝		三岁孩子捡到金元宝
2137	人类首次登录火星		人类首次登录火星
1652	渔民捞起一条百斤大鱼		森林大火终于被扑灭
2019	美国再次受蝗虫袭击		葡萄产量达历年最高
1977	森林大火终于被扑灭		渔民捞起一条百斤大鱼
1690	暴雨冲毁了村边道路		南方旱灾农民起义
1852	皇帝出宫微服私访		美国再次受蝗虫袭击
1763	南方旱灾农民起义		皇宫半夜失火
1483	福建受到海盗骚扰		皇帝出宫微服私访
1054	云南发现神秘民族		福建受到海盗骚扰
2162	世界最高建筑竣工		大雪封山救援受阻
1908	大雪封山救援受阻		暴雨冲毁了村边道路
所用时间：		正确个数：	

第58天　虚拟历史事件（二）

请记住以下虚拟历史事件对应的年份。（回忆时请自行遮挡左边的内容）

时间	事件	时间	事件
−367	鲨鱼在河中发现		作曲家获得了鸟歌的版权
1206	股票市场价格下跌		最年轻的大学毕业生 10 岁
2962	外星人侵略比利时		种了橄榄树
1857	市政委员会减税		侦探解决了犯罪案子
1008	稀有邮票以历史性的高价拍卖		战舰在战争中沉没
1759	毒性废弃物被扔进大海		音乐会为慈善筹集了一定数额的基金
1456	无重量靴子在打折出售		演说家做了具有历史意义的演讲
2107	北极的最后一块冰融化		学校为以前的学生组织聚会
1682	侦探解决了犯罪案子		新的艺术展览开幕
1471	警察装备着激光枪		稀有邮票以历史性的高价拍卖
1860	芭蕾舞演员做最后表演		无重量靴子在打折出售
2053	恐龙骨骸被发现		外星人侵略比利时
2194	作曲家获得了鸟歌的版权		市政委员会减税
2003	7 岁的参赛选手赢了高尔夫比赛		商人入狱
2450	音乐会为慈善筹集了一定数额的基金		鲨鱼在河中发现
1995	流行歌手显涉抄袭之嫌		囚犯转到低监管监狱
−766	骗子被抓		骗子被抓
1551	新的艺术展览开幕		女人爬高山
902	商人入狱		流行歌手涉抄袭之嫌
631	囚犯转到低监管监狱		猎手杀死了狮子
1863	学校为以前的学生组织聚会		恐龙骨骸被发现
1709	演说家做了具有历史意义的演讲		警察装备着激光枪
1819	战舰在战争中沉没		股票市场价格下跌
1991	最年轻的大学毕业生 10 岁		钢琴演奏家得到长久的热烈欢迎
−707	猎手杀死了狮子		毒性废弃物被扔进大海
2200	大西洋上建立了跨洋大桥		大象参与脑力锦标赛
2320	大象参与脑力锦标赛		大西洋上建立了跨洋大桥
852	种了橄榄树		北极的最后一块冰融化
1967	钢琴演奏家得到长久的热烈欢迎		芭蕾舞演员做最后表演
1613	女人爬高山		7 岁的参赛选手赢了高尔夫比赛
所用时间：		正确个数：	

第59天　速记与数字相关知识

请记住以下知识点中对应的数字。

记忆部分	检查复习
目前世界上人口总数为 60 多亿	玉龙雪山海拔（　　　）米
地理平均半径 6371 千米	尼罗河是世界上最长的河，约（　　　）公里
2010 年试管婴儿之父获诺贝尔奖	亚马逊成立于（　　　）年
亚洲最大的人工湖面积 72km²	（　　　）年发明了第一台计算机
全身骨头 206 块，上肢 64，下肢 62，主干 51，头骨 29（包括听小骨 6 块）	广州塔身主体（　　　）米，天线桅杆高（　　　）米，总长（　　　）米
广州塔身主体 454 米，天线桅杆高 146 米，总长 600 米	世界上最长的天然石桥，是广西仙人桥，全长（　　　）米
中国最早参加奥运会是在 1932 年洛杉矶第 10 届奥运会	中华人民共和国成立时间为（　　　）年（　　　）月（　　　）日
玉龙雪山海拔 5596 米	卢沟桥上有（　　　）只石狮子
世界上人口最多的大洲有 36.72 亿	目前世界上人口总数为（　　　）多亿
世界上最长的天然石桥，是广西仙人桥，全长 122 米	中国最早参加奥运会在（　　　）年洛杉矶第（　　　）届奥运会
尼罗河是世界上最长的河，约 6650 公里	万里长城长（　　　）公里
埃菲尔铁塔建于 1889 年	亚洲最大的人工湖面积（　　　）km²
中华人民共和国成立时间为 1949 年 10 月 1 日	（　　　）年，第（　　　）届世界魔术大会在中国北京举办
亚马逊成立于 1995 年	世界上人口最多的大洲有（　　　）亿
卢沟桥上有 501 只石狮子	（　　　）年试管婴儿之父获诺贝尔奖
1946 年发明了第一台计算机	埃菲尔铁塔建于（　　　）年
姚明高 226cm	金字塔高（　　　）米
金字塔高 136.5 米	地理平均半径（　　　）千米
万里长城长 6300 公里	姚明高（　　　）cm
2009 年，第 24 届世界魔术大会在中国北京举办	全身骨头（　　　）块，上肢（　　　），下肢（　　　），主干（　　　），头骨（　　　）包括听小骨（　　　）
所用时间：	

第60天 零散知识点的记忆

史地生政这样的课程，80%的知识点是零散的，也就是说大部分的知识是靠我们平时的日积月累来记忆，按照传统的记忆方法，很难保证记了不忘，所以只能忘了再记。

但是现在不一样了，我们可以把这些零散的知识点转换成图像，固定到某个特定的地点桩上，只要稍加回忆，就可以快速地完成复习了。

现在以初中地理知识为例，来说明用法。

> 四大高原：黄土高原、内蒙古高原、青藏高原、云贵高原。
> 四大盆地：四川盆地、柴达木盆地、塔里木盆地、准噶尔盆地。
> 三大平原：东北平原、华北平原、长江中下游平原。
> 三大丘陵：辽东丘陵、山东丘陵、东南丘陵。

对于这种零散但又有分类的知识点，我们一般采用联想加定桩配合使用的方法。

如果你有足够的耐心，还可以通过画图的方式来记下这个知识点。

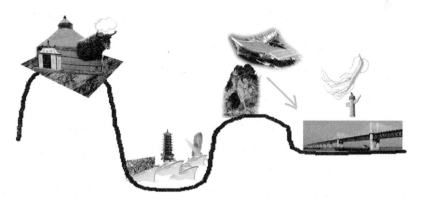

图中的线分别标识出了高原、盆地、丘陵、平原四大地形，上面的图就是代表这四大地形名称的示意图。

黄土地（黄土高原）、蒙古包（内蒙古高原）、牦牛（青藏高原）、云彩（云贵高原）

四条船（四川盆地）、木柴（柴达木盆地）、宝塔（塔里木盆地）、刀子耳朵（准噶尔盆地）

辽宁号（辽东丘陵）、山洞（山东丘陵）、向右下的箭头（东南丘陵）

人参（东北平原）、华表（华北平原）、长江大桥（长江中下游平原）

闭上眼睛试一下，看能不能清晰地回忆出上图中的每个细节。如果可以，试着写出这个问题的答案吧。

四大高原：（　　　）　四大盆地：（　　　）

三大丘陵：（　　　）　三大平原：（　　　）

我们再来看一下历史知识中的一些零散的知识点。

世界上第一部茶叶专著是唐朝陆羽撰写的《茶经》。

世界上最大最重的石头书是十三经刻石。

世界上最早的考试制度是科举制度。

唐朝时期世界上最大的城市是长安。

世界上最早的纸币是北宋时期的交子。

世界上现存最早的标有确切日期的雕版印刷品是唐朝印制的《金刚经》。

世界上最早的天文学著作是战国时期的《甘石星经》。

世界上关于哈雷彗星的最早记录为公元前613年7月。

世界上最早的指南仪器是战国时期的"司南"。

世界上最早提出圆周率的正确计算方法的人是三国时代的数学家刘徽。

世界上第一次把圆周率精确地推算到小数点以后第七位的人是南朝的祖冲之。

对于这种类型的零散的知识点，考试的时候一般会出现选择题或者填空

题，所以我们在记忆这类知识点的时候，一般采用串联联想的方法来完成。

这个串联联想和我们前面提到的串联联想记词语有一些区别。我们是通过把需要记忆的问题联想出一个场景，然后把答案转换成一个图像，与前面的场景结合一起。

就相当于把题干当成一个地点桩，答案就是该地点桩上挂接的图像。

世界上最早的纸币是北宋时期的交子。

首先想象出一堆很古老的纸币，纸币堆积如山，然后从里面钻出来一个北宋时期的代表人物，比如宋徽宗、比如童贯、比如王安石或者任何一个你熟悉的能帮你回忆起是北宋的人物就可以，想象他从那堆纸币中钻出来，手里端着一盘饺子（交子）。

世界上最早的考试制度是科举制度。

先想象全世界各国的人都来参加考试，有各种肤色和各种发型，他们都穿越到隋朝，参加中国的科举考试。

其余的都利用同样的方法去联想就可以了。

世界上第一部茶叶专著是唐朝陆羽撰写的《茶经》。

唐僧（唐朝）拿着六根羽毛（陆羽）在茶叶桶上写经书。

世界上最大最重的石头书是十三经刻石。

有个秤在称一本石头书，重量正好是13斤（十三经），称完刻到石头书上。

唐朝时期世界上最大的城市是长安。

唐朝的首都是长安，这个直接不用联想了。

世界上现存最早的标有确切日期的雕版印刷品是唐朝印制的《金刚经》。

唐僧拿着刻刀在《金刚经》上雕刻日期。

世界上最早的天文学著作是战国时期的《甘石星经》。

一堆人混战（战国）着抢夺一天文经书，于是都用甘石去打星星。

世界上关于哈雷彗星的最早记录为公元前613年7月。

彗星拖着长长的尾巴，尾巴上绑着洒篓（96），洒篓里有个医生（13），

医生挥舞着来镰刀（07）。（不懂的去前面复习一下历史时间的记忆）

世界上最早的指南仪器是战国时期的"司南"。

一个大大的指南针上，好几个国家的小人在战斗，他们互相撕扯谁也撕不动谁。（司南）

世界上最早提出圆周率的正确计算方法的人是三国时代的数学家刘徽。

某人在地图上的三个国家之间用一把尺子丈量圆的直径，尺子里流出好多灰。

世界上第一次把圆周率精确地推算到小数点以后第七位的人是南朝的祖冲之。

圆周率表上站着一男超人正在研究上面的数字，一个老人（祖宗）突然过来冲撞了他。

看着原题，在脑海中快速地过一遍刚才构建出来的图像。

现在来试着回答下面的问题，看能不能全部答对。

世界上最早的考试制度是_____。

世界上现存最早的标有确切日期的雕版印刷品是_____朝印制的《_____》。

世界上关于哈雷彗星的最早记录为_____年____月。

世界上最早把圆周率精确到小数点以后第七位的人是____朝的____。

世界上最早的天文学著作是_____时期的《_____》。

世界上最早的指南仪器是_____时期的_____。

世界上最早提出圆周率的正确计算方法的人是____时期的数学家____。

世界上最早的纸币是_____时期的_____。

世界上第一部茶叶专著是____朝_____撰写的《_____》。

唐朝时期世界上最大的城市是_____。

世界上最大最重的石头书是_____。

第61天　公式的记忆

在数理化三门课程中，会有大量的公式出现。不知道大家平时是怎么记忆公式的，是不是面对很多的公式也会感觉头疼头大头晕？

其实我想说的是，一个真正会学数理化的人，是不需要记公式的。反过来说，一个每天都在背公式的人是不会学数理化的。

什么意思？公式不背怎么能记住呢？

如果你上课认真听，就能够把其中的概念完全地理解，把很多定理、推论的知识完全地搞明白，公式就自然地形成了。

我们以电学知识中的部分内容来说明。

项目	串联电路	并联电路
电流	$I_总 = I_1 = I_2$	$I_总 = I_1 + I_2$
电压	$U_总 = U_1 + U_2$	$U_总 = U_1 = U_2$
电阻	$R_总 = R_1 + R_2$	$R_总 = 1/R_1 + 1/R_2$

看上去一堆公式，而且长得特别像，怎么记？

我只想说，你上课听课了吗？

听进去了吗？

听明白了吗？

首先要真正搞明白什么是电流、电压、电阻，这是最根本的。如果你连这三个概念的区别都没搞清楚，那么这样的东西记忆起来不光是有难度的问题，问题是就算你死记硬背把它们记住了，有什么用？到实际应用的时候，你仍然是一头雾水，除非出现课本上的原题，否则只要稍微有一些变化，你仍然会蒙圈。

这种死记硬背是无法从根本上解决问题的。

最根本的是你要分清什么是串联电路，什么是并联电路。这个应该是很弱智的问题，但不要想得太轻松了，当一些复杂的电路出现的时候，你仍然能保持头脑清楚，轻易地分出串联和并联的结构才可以。

比如下面这些复杂的电路，你能理清是先串联后并联，还是先并联后串联吗？

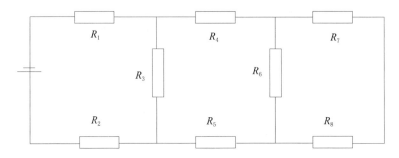

如果你能把上面这个电路中8个电阻的串并联关系理清楚，估计这个概念你应该就完全地掌握了。

下一步就是搞明白电流、电压和电阻三者之间的关系。

这里也有一个公式，就是：U＝IR（电压＝电流×电阻）

这个也不要去死记，这种类型的东西靠死记，最后做题考试，肯定是个死。

怎么办？还是理解为先。

因为"电压＝电流×电阻"，所以只需要记住，电压最大，是另外两个的乘积。

实际数值不一定最大，再说了不同的单位没什么可比性，但是我们可以这样记。假设这三个数都没有单位，我们假定这三个数都是正整数，这样电压就是最大的了。这就变成了一个最简单的小学数学公式：被乘数×乘数＝积。

电压就是那个"积"。至于谁是被乘数，谁是乘数没关系，随便用。

那如何才能记住"电压"最大呢？你可以想象成"电压"，因为很强大、很厉害，所以才能"压得住"别人，所以叫"电压"。

而另外两者的关系，我们可以把它想象成开车。

电阻就是有障碍物的公路，电流就是开车的速度，而电压就是经过一段路所用的时间。

这就好理解了。

在串联电路中，就相当于把两条公路接在了一起使得公路变长了。

在并联电路中，就相当于把两条公路并在了一起使得公路变宽了。

如果能理解到这一点，那再去看串联和并联电路中的三组公式，就非常简单了，除了那个并联电路电阻的公式，其他的根本不用记。

那最后一个公式，如果大家多看几遍也会轻松搞定，只要你数学还过得去，就会知道，两个数的倒数和肯定比任何一个数都要小。

只要你脑子里还清楚，并联后的电阻比任何一个都小就可以。至少那个公式，只需要记三个字：倒数和。

其实在初中阶段，真正需要花时间来记忆的公式少之又少，大部分的公式是需要理解加练习的。只要真正理解了公式的意义，然后再练习几次，公式自然就熟记于心了。

但也有一部分公式需要记忆，特别是高中数学三角函数中的部分公式，除非你的理解能力特别厉害，通过这些公式的推导过程就可以完成公式的记忆，否则可能仅仅靠理解还不能满足解题应用的要求。

如：

$$\sin 2\alpha - \sin\alpha\cos\alpha = \frac{2\tan\alpha}{1+\tan^2\alpha}$$

$$\cos 2\alpha = \cos^2\alpha - \sin^2\alpha = 2\cos^2\alpha - 1 = 1 - 2\sin^2\alpha = \frac{1-\tan^2\alpha}{1+\tan^2\alpha}$$

$$\tan 2\alpha = \frac{2\tan\alpha}{1-\tan^2\alpha}$$

$$\tan\alpha = \frac{\sin 2\alpha}{1+\cos 2\alpha} = \frac{1-\cos 2\alpha}{\sin 2\alpha}$$

$$\sin(\alpha \pm \beta) = \sin\alpha\cos\beta \mp \cos\alpha\sin\beta$$

$$\cos(\alpha \pm \beta) = \cos\alpha\cos\beta \pm \sin\alpha\sin\beta$$

$$\tan(\alpha \pm \beta) = \frac{\tan\alpha \pm \tan\beta}{1 \mp \tan\alpha\tan\beta}$$

对于这类公式的记忆，如果纯靠死记硬背，确实是件非常非常非常头疼的事。不过对于记忆来讲，连一些毫无意义的符号我们都可以记下来，何况是这些公式呢？

旁白：这怎么记？难道用谐音转图吗？

除了谐音，我们还有另一个强大的武器你忘了？编码法啊！

旁白：数字编码怎么用到这里了？这里只看到两个数字：1和2，这怎么用编码？

错！不是用数字编码，是用编码法。

简单地说：就是把里面经常出现的符号来重新制定一套编码。

如：

$\sin\alpha \quad \sin2\alpha \quad \sin^2\alpha$

$\cos\alpha \quad \cos2\alpha \quad \cos^2\alpha$

$\tan\alpha \quad \tan2\alpha \quad \tan^2\alpha$

$\sin\beta \quad \sin2 \quad \sin^2\beta$

$\cos\beta \quad \cos2\beta \quad \cos^2\beta$

$\tan\beta \quad \tan2\beta \quad \tan^2\beta$

经过仔细观察你会发现，其实这些符号就上面几种变动：

前半部分的变化是：sin、cos、tan；

中间部分的变化就是：单独、2倍、平方；

后面部分的变化是：α、β。

学过排列组合的同学应该知道，由3、3、2正好可以组合出18组不同的情况，所以看上去就是满屏的符号了。

不要害怕，我们可以借助这种组合，来把复杂的问题简单化。

我们分别把sin、cos、tan定义为三个人物：三姨（谐音）、动漫人物（想像成coser（不知道什么是coser的去网络上补课吧），俗称动漫真人秀，随便找一个自己喜欢的角色就可以）、黑人（tan谐音为炭，特别黑）

我们分别把X、2X、X²定义为三个动作：背着、抱着、顶着

我们把 α 、β 定义为两个宠物：猫、鸟。

处理完了这些，还有几个小点需要处理一下，就是公式中的加减号、分数线和数字1。

数字1就用一根圆木、铅笔或者一棵树来代表，而对于加减号和分数线我们分别用三种组合方式来处理。在说明这个之前，我们需要先来定义几个房间，每个房间用来记忆一个公式。

比如我们记忆下面这个公式：

$$\tan\alpha = \frac{\sin 2\alpha}{1+\cos 2\alpha} = \frac{1-\cos 2\alpha}{\sin 2\alpha}$$

我们先来找一个房间：这个房间的主人：黑人背着一只猫。

我们从图片上选了这样3个点：第一个点用来记忆公式的前半部分。这个可以按照自己的习惯，所有的公式的第一个点都是公式的前半部分。

后面的点按照公式的排列从图上找点。如果是加减运算，就从同一水平高度找出两个点。加运算我们想象成两人或者两个元素握手拥抱，减运算想象成前面的元素拿剑去刺后面的元素。

如果是分数（或者说是乘除）运算，我们就从垂直方向找出两个点。乘法运算将两个元素放在同一个点上，一个压着一个。除运算将两个元素放到两个点上，分开记忆。

对于如本公式这样的连等式的公式，我们可以用两个房间来记，然后想象这个房间的主人（黑人背着猫）从这个房间，走到下一个房间，然后继续演绎下一个场景的故事。

我们就用上面的方案来记忆一下公式的后半部分。

$$\tan \alpha = \frac{1 - \cos 2\alpha}{\sin 2\alpha}$$

地点一：黑人背着猫

地点二：一个木棍挂在吊灯的左边，木棍上伸出一把剑，刺向右边的Coser双手抱住的一只猫。

地点三：三姨抱着一只猫。

好了，现在闭上眼睛回忆一下，看能不能回忆这个房间的场景和里面发生的故事。如果能轻松回忆起来，就可以试着把脑海中的图像反向翻译成我们的数学公式了。

这里需要大家注意一点，我没有把上图中三个主人公的形象给出大家，也就是说黑人是什么形象，三姨长得什么样子，Coser是哪一个形象，这些大家的喜好不一样，脑海中的图像也会有很大的区别，但是你一定要去具体化一个形象，否则记忆的效果就会大打折扣。

如果你对哪一个角色的形象不是特别熟悉的话，最简单的办法就是去网络上搜索，搜索一张你认为最适合的图片，在成千上万的黑人、三姨、Coser中，肯定会有一个在那里等着你去挑选。

旁白：感觉好费劲，有这功夫我早就死记硬背下来了。

是的，这些方法解释起来是比较费劲，我都解释得累了。但是一旦掌握了，效果就不一样了。第一次用这种方法记一个公式，可能用五分钟甚至十分钟，但是有了自己的编码系统以后，再记其他的公式就轻松得多了。

还有更关键的一点：这样记完的公式不容易忘，特别是相互之间不容易发生混淆。后期复习的时候，只需要在脑海中过一遍图像就可以完成。

搞定了数学公式以后，对于其他科目的公式方法也是一样的。最关键的就是要花一点时间来研究一批公式的规律特点，然后对其进行编码。一旦编码完成，就可以来记忆任何复杂的或者成批的相似公式，而且再也不用担心记乱记混了。

第62天　数学公式记忆

数学公式	$\lim\limits_{x \to 0} = \dfrac{\sin x}{x} = 1$
记忆草图	
数学公式	$(\tan x)' = \sec^2 x$
记忆草图	
数学公式	$\sin 2\alpha = 2\sin\alpha\cos\alpha$
记忆草图	
数学公式	$\sin\alpha + \sin\beta = 2\sin\dfrac{\alpha+\beta}{2}\cos\dfrac{\alpha-\beta}{2}$
记忆草图	
数学公式	$f(b) - f(a) = f'(\xi)(b-a)$
记忆草图	

记忆所用时间：

第63天　选择题的记忆

选择题分为几种：一种是有固定题和固定答案的，比如文科类史地生政课程的选择题，另一种是需要通过推理和计算才能得到答案的选择题。其实还有一类，就是虽然不需要推理和计算，但是只需要理解不需要记忆就能完成的选择题。

对于这三类选择题，我们有不同的应对策略。

首先说计算推理类的选择题。

在数理、物理、化学这三门课中，这种类型的选择题占大多数，特别是数学中，这类需要推理和计算的选择题往往占绝大多数。

这类的选择题是没有办法进行记忆的，因为每次出题都会改变其中的逻辑关系或者数值，很少会考原题，所以我们必须要真正听懂、学会，还要掌握数学中相关的知识点才能完成这类的题目。

做这类的选择题其实需要的能力和做数学中的化简、计算、问答题需要的能力没有太多的区别。

这类选择题不是记忆法能解决的，也没有办法去复习记忆，但是我们可以记住一个原则，一个应对数理化课程考试中选择题（包括填空题、判断题）的原则。

这个原则就是：一分钟给不出答案，就放弃。

旁白：什么意思？如果我十分钟能做出来，为什么不做，白丢分啊？！

不是这个意思。似乎你的记性确实不太好，在很前面很前面很前面，我曾经说过如何处理做题时间的问题。对于选择题，如果一分钟内给不出答案，即使你做的答案是正确的，思路也是错的，因为本来可以用几秒钟推理出来的正确结果，你却花了十分钟，明显不是出题者的本意。

而且考试过程中，时间是最宝贵的，你可能因为这分值只有2分的选择题，耽误了后面分值10分的计算题，得不偿失啊！

再来看第二种，理解类的选择题。这类题目一般会出现在政治的大部分、地理生物的部分或者数理化课程的一部分基础题中。

比如：要了解某校学生身高在一定范围内的学生比例，需知道相应样本的（ D ）。

A.平均数　　　　B.方差　　　　　C.众数　　　　D.频率分布

这种题目考查的是我们对"样本"概念的理解程度。只要搞明白了其中各个概念之间的关系，这样的题目还需要推理和计算吗？只要能正常理解，就能秒给答案的。

但有些题目完全是通过记忆来完成的，包括物理化学中也会有类似的题目。

比如：最先发现电流磁效应的科学家是（ C ）。

　A．安培　　　B．伏特　　　　C．奥斯特　　　　D．法拉第

对于这种题目，我们可以用前面提到的记忆零散知识点的方法，通过图像联想来完成记忆，这里就不再重复了。不过我要说的是另一个技巧，就是有什么方法能够快速突破大量的此类选择题的记忆呢？

有！这个真的有！

不过这种方法有些逆天了！

说它逆天，是因为它完全违背了之前我们的父母、老师以及前辈们的学习理念。换种说法，就是这完全就是一种不好好学习只想偷懒的纯属没事找抽型的学习方法。

旁白：到底是什么？搞得这么神经质！

不管是哪门课的，只要是纯靠记忆型的选择题，都可以用这种方法。当你拿到题库以后，直接把正确答案抄到题目的空白处，然后把错误答案全部划掉。当然最好准备两份一样的题库，另一份留作后期测试用。

抄好答案以后，再快速过一遍题目。

过一遍，就是可以先不用我们前面说过的图像联想记忆，而是直接凭机械记忆和自己的理解来把正确答案记下来，只要略有印象就好。

等过一段时间（可以是几个小时，也可以是第二天），拿出那套没有被破坏的新的题库直接进行考试，看自己能做对多少。

对照答案，只把错误的题目挑出来，单独用我们前面说过的图像联想的方法加深一下记忆。

过段时间再来测试一遍，重复上面的这个步骤，直到全部做对为止。

听上去很费时费力，其实一般情况下，第一遍的正确率会在三分之二，第二次的正确率会在90%以上，第三次基本上可以做到99%了。至于100%的正确率，我一直觉得这是江湖传说。不是说没人会做到100%正确，而是说能做到100%正确的人不是仅靠记忆来完成的，给你份标准答案，你能保证一个题目不抄错吗？

下面我来说一下原理。

我们之前做题，是有四个备选答案。我们在做的时候会在四个备选答案中反复推敲，最后选定一个自己认为是正确的答案，最后和标准答案一对比，悲剧了，答错了。

问题是：相对于这个题目的正确答案，我们脑海中对错误答案的印象远远超过对正确答案的印象。为什么？因为我们在做题的时候在错误的答案上反复研究推敲琢磨了老半天，当然印象深刻了。

所以，我们必须反其道而行之，压根儿不看错误答案，而是直接去记忆正确答案，这样我们脑海中印象最深刻的当然只有正确答案了。

第64天　散文杂文记忆

训练方法：

散文属于白话文，记忆起来相对容易得多。但是像散文、杂文这样的白话文其实最不能彰显记忆法的优势。

对于古汉语而言，普通人用半小时记忆，你用记忆法可能只用15分钟甚至更快，更重要的是不容易忘，但现代文在这方面的优势感就差一些。

与记忆古汉语相比，省略了理解原文的步骤，其他的步骤一样。只是在找关键字的时候，关键字不一定是句子的主语，只要能帮助你记住的字都可以作为关键字，如"有的……有的……有的……"也可以作为关键字。

现代文记忆如果能辅助速听来完成，效果就会好很多（速听的方法可以参照《超级记忆：破解记忆宫殿的秘密》一书）。

> 我不去想，是否能够成功。既然选择了远方，便只顾风雨兼程。我不去想能否赢得爱情，既然钟情于玫瑰，就勇敢地吐露真诚。我不去想身后会不会袭来寒风冷雨，既然目标是地平线，留给世界的只能是背影。我不去想，未来是平坦还是泥泞，只要热爱生命，一切，都在意料之中。

> 心的边疆，可以造得很大很大，像延展性最好的金箔，铺设整个宇宙，把日月包含，没有一片乌云，可以覆盖心灵辽阔的疆域；没有哪次地震火山，可以彻底覆盖心灵的宏伟建筑；没有任何风暴，可以冻结心灵深处喷涌温泉；没有某种天灾人祸，可以在秋天，让心的田野颗粒无收。

> 你的命运，一半在自己手中，另一半在上帝手中。你一生的全部就在于：运用你手里所拥有的，去获取上帝手中所掌握的。你的努力越超常，你手里掌握的那一半就越庞大，你获得的就越丰硕。在你彻底绝望时，别忘了自己拥有一半的命运，在你得意忘形时，别忘了上帝手里还有一半的命运。你一生的努力就在于：用你自己的一半去获取上帝手中的一半。这就是命运的一生，这就是一生的命运。

记忆所用时间：

第65天　英文课文记忆

训练方法：

英文课文的记忆对于中国的中小学生来讲，更多的还是需要依靠中文意思和声音记忆来进行，其实这和古汉语的记忆是非常相似的。

首先要读准每个单词的发音，然后把全篇翻译成中文。在翻译的时候注重把英文翻译成便于形成图像的中文句子，在脑海中对每一个英文句子形成一个图像协助记忆。

对于英文句子的关键字，要求不像汉语记忆的关键字那样清晰可见，英文句子关键字完全可以用一个关键的图像来代表。

比如"We play football in the playground every Sunday"这句话，我们完全不用提取关键字，而直接用一群小孩在操场上踢足球的图像来代替就可以。

对每句话转换成图像后，按照定桩记忆的方法，把图像挂接到固定的地点桩，完成记忆。

Anna's blog Hello everyone. Welcome to my blog. About me   My name is Anna. I'm from Germany. I'm 11 years old. I'm tall and thin. I have long hear . I live with my family in a house close to some mountains. My mum is an Art teacher. My dad is a doctor. I have an elder sister and an elder brother. About my school and my hobbies   Every day, I go to school by school bus. My favourite subjects are Maths, Art and Science. I like my school because the teachers are all very friendly. My dream is to be an engineer .   I like many sports. I'm good at swimming and playing basketball. There are my favourite hobbies. I want to make friends with young people from all over the world！ Email me , please！

记忆所用时间：

第66天　扑克记忆

训练方法：

扑克牌的编码在《超级记忆：破解记忆宫殿的秘密》和《超级记忆：打造自己的记忆宫殿》中都有详细的讲解，在这里只是简单回忆一下扑克牌的编码规则。

扑克编码有两种思路：

一是根据扑克牌的特点直接进行编码。比如"红桃 9"可以简称"红9"，因此可以谐音为"红酒"。"梅花 3"可以简称为"花 3"，因此可以简称为"花伞"，又如：红柳（红桃六）、黑山（黑桃 3）等。

第二种是借助数字编码来对扑克进行编码。把扑克分为"黑红梅方"四种花色分别用数字1234来表示，作为扑克编码的第一位。扑克的点数作为编码的第二位。A作为1处理，10作为0处理。如：红桃5就是25（红桃为2，牌点为5），方块10就是40（方块为4，牌点为0）。JQK不参与其中，单独设计三组人物或者物品编码。

扑克编码设计完成之后，就需要尽快地熟悉这套编码，才能逐渐达到应用的层次。这与前面做过的数字读码训练的原理是一样的，读牌的速度决定了记忆的速度。

如果我们采用的第二种方法对扑克进行编码的，那么每张扑克的读牌过程都要经过两次翻译，即先把扑克牌翻译成一个两位数字，再把这个两位数字翻译成图像。所以，只有大脑高速地运转才能达到高速读牌的目的。

所以为了提高速度，我们还要额外做一些工作，就是看着每一张扑克，强行去想象它和编码图像之间的联系。比如红桃A的编码是鳄鱼（21）。如果我们每次都经过两次翻译才能浮现鳄鱼的图像，效率很难提升。所以就盯着这个角码反复地想象，直到想象出它就是鳄鱼的形象。比如下面的那个红桃就像是鳄鱼的头，上面的A就像是鳄鱼的身体和长长的尾巴。总之不管怎么生搬硬套，也要想象出鳄鱼的样子，下次我们再看到这张牌的时候，就可以直接在脑海中浮现鳄鱼的样子了。

扑克的记忆和数字的记忆类似，我们建议采用每个桩子存放两张牌的方法，这也是目前大部分记忆高手所采用的方案。

刚开始训练时，可以采用串联法或者每个桩子存放一张牌的方法，这个过程更多的是训练对扑克牌图像的感觉和响应速度。这种方式的训练时间不要太长，待自己对扑克的编码熟悉之后，立即转为每个桩子存放两张牌的方案进行。

另外，世界记忆高手全都采用的是多米尼克编码系统，这样可以让自己对扑克编码的处理速度更快，可以同时处理两张牌（或者4位数字），不需要再对两个图像进行串联联想（具体应用方案请参考《超级记忆：打造自己的记忆宫殿》或者多米尼克的相关书籍）。

后 记

终于写完了。

虽然很用心，但还是写得很糙。从小没好好学习，长大了就有些力不从心。我很想把每本书都写成精品，却真是水平有限，或许又一次让您觉得失望了。

但是不管文笔多烂、语言多糙，欣慰的是我把这种方法系统地完整地讲完了。我本来就不是作家，我只是一个致力于将记忆法普及下去的脑力教练，一个想努力把学习变成一个轻松加愉快的事情的有志青年。

我只是不想再看到我们的孩子天天埋头苦学，对学习恨之入骨又无可奈何；我只是希望看到每一个孩子能轻松、愉快、主动、高效地学习。

我最不喜欢那种"头悬梁、锥刺骨"的激励方式，我最不希望父母和老师告诉孩子"哪有人愿意学习，但是不学行吗"的无奈，我最不能接受晚上十二点以后还要挑灯夜读的勤奋和白天无精打采的状态。

我希望我们的孩子无论在课堂上、操场上、还是家里的学习桌旁，都是阳光的，都还保留着作为一个孩子的活泼和快乐。

如果你能认真地读到这里，那祝贺你。不管你是一个已经被人放弃的学渣，还是本来就是一个优秀的学霸，你都应该为自己感到欣慰，因为你已经了解了这个世界上最牛的记忆方法，你的学习在不久的将来就会变得轻松加愉快。

当然，也不要认为看完这本书你就是记忆超人了。你应该还记得书中曾经提到，只有经过后期的训练和不断地应用，你才能掌握记忆法的真谛，才能把记忆法变成一种信手拈来的能力。

如果你还相信我，还相信这种方法有效，现在就开始训练！

　　当然在具体问题的记忆过程中还有很多细节，不是这一本书能够说得清的。我们会陆续推出更多的优秀书籍和教学，来帮助大家掌握更多更好的记忆方法，为你的学习增添一双无形的翅膀。

　　对于书中的疑问和建议，欢迎广大读者朋友与我联系（联系方式见本书前勒口的二维码），我很乐意和大家讨论与记忆法相关的问题。也欢迎业界的各位专家前辈对书中的错误进行批评指正，我一定虚心改正，努力做得更好。

　　最后感谢"记忆宫殿"创始人、我的导师林约韩老师教会我这种方法，感谢赵静博士友情为我修改文稿，更感谢本书编辑郝珊珊女士对我的信任和支持，才让此书有机会和读者见面。

　　大家的信任是对我最大的奖励，我会更加努力。

2019.12

用一段我曾经无数次在年度集训营中分享给学员的话作为这本书的结束吧！

　　不管这个世界多么的不公平，有一件事却永远是公平的。这个世界可以毁掉我的家园、抢走我的财富甚至夺走我的美貌和健康，但有一样东西是任何人、任何组织、任何力量都没有办法从我这里拿走的。

　　那就是我大脑中的智慧。